0~6세

똑소리 나는
놀이백과

이민주 지음

참 쉬운 101가지 집콕 놀이

시대인

프롤로그

아이를 낳고 부모가 되었다면,
육아에 대한 공부는 선택이 아니라 필수!

《민주선생님's 똑소리나는 육아 – 우리 아이 훈육편》 도서를 출간하고 아이를 키우는 부모님들께 가장 많이 들었던 말이, "밥 먹을 때 숟가락을 던지거나 놀이할 때 장난감을 던지면 무서운 표정으로 안 된다고 훈육만 했어요. 그게 아이가 물리적인 힘을 가했을 때 변화되는 현상에 호기심을 갖는 발달 시기라서 하였던 필요한 행동이라는 것을 알고 가슴을 쳤네요." 아이 발달 과정인 줄도 모르고 아이 행동이 고쳐지지 않는다고 잘못된 훈육을 반복해 왔던 그 시간이 아이에게 너무 미안하다는 것입니다.

아이는 세상에 태어나는 그 순간부터 외부 자극을 통해 경험하고 배웁니다. 특히 0~6세는 '뇌 발달의 결정적인 시기'라고 할 만큼 뇌 활동 및 뇌 발달이 매우 활발한, 중요한 시기입니다. 하지만, 정작 우리는 아이를 낳고 키우기 전에는 이 시기가 얼마나 중요한지, 어떤 자극을 어떻게 주어야 하는지, 언제 어떤 걸 가르쳐야 하는지 잘 모릅니다. '영유아 발달과 부모 역할'에 대해 먼저 찾아서 공부하지 않으면 배울 기회가 없습니다.

그 결과, 아이를 낳고 육아를 하면서 밤낮없이 우는 아이를 재우는 것이 어려울 때 '수면 교육'을 찾아보고, 말이 트여야 하는 시기에 말이 트이지 않으면 그제야 '언어발달, 언어 지연, 언어 치료'를 찾아보게 되고, 잘 먹지 않고 편식이 심해지면 식습관에도 교육이 필요하다는 것을 깨닫게 됩니다. 참 많은 시행착오를 겪는 것이 사실이고, '아이를 키우면서 부모도 함께 성장한다.'라는 말도 생긴 것 같습니다.

우리 아이는 지금 잘 '성장'하고 있는가?

"애들은 그냥 놔둬도 잘 큰다."라는 말이 있죠. 그렇지만 무지한 상태로 육아를 하다 보면 결국 잘 해결되지 못한 문제들이 아이의 마음에 상처로 남을 수 있고, 발달이 지연되는 등 아이가 살아감에 있어 어려움을 겪을 수 있습니다. 출생 후 만 6세까지는 특히 아이의 하루하루, 매 순간이 중요합니다. 그렇기에 부모가 된 우리는 적어도 육아를 해 가는 데 필요한 기본적인 지식을 알고, 시행착오를 최대한 줄여 아이가 잘 발달하고 성장해 갈 수 있도록 해 주어야 합니다.

이론과 실전을 함께하는 '이민주 육아연구소'

근 10년간 교육 현장에서 영유아기 아이들을 보육하고, 학부모 상담과 교육을 해오다가 기관에 있는 아이들과 부모들만 가진 어려움은 아니라는 생각이 들어서 퇴사를 결정했었습니다. 그 후 '이민주 육아연구소'에서 아이를 키우는 모든 부모를 위한 교육과 상담을 진행하고 영유아 발달에 필요한 놀이와 교재/교구를 개발하고 있습니다. 더불어 유튜브와 클래스101 등 온·오프라인 강의를 통해 부모님들과 활발하게 소통해 가고 있습니다.

YOUTUBE 〈이민주 육아상담소〉 채널에서는 일하랴, 육아하랴 바쁜 부모님들을 위해 육아를 할 때 반드시 알아야 하는 발달 이론과 양육 정보를 주제별로 정리해서 10분 내외의 짧은 영상으로 공유하고 있습니다. 매주 영상을 업로드하고 댓글을 통해 상담도 진행하면서 '이론이 중요한 것도 알겠고 머리로 이해는 되는데, 실제로 육아를 할 때 적용이 쉽지 않더라.'는 어려움을 파악하게 되었습니다. 그래서 〈민주쌤 육아일기〉 채널을 개설하여 실제로 아이를 키우는 일상과 집에서 할 수 있는 놀이, 아이와의 상호작용, 시기에 따라 필요한 놀잇감이나 그림책 등 육아하는 전반적인 모습을 브이로그로 매주 공유하게 되었습니다.

아이를 키우는 많은 분들이 전문가의 실제 육아 모습을 보고 이론을 실전에 적용하는 데 많은 도움이 되고, 모델링이 되어 좀 더 쉽게 따라 할 수 있다는 등 긍정적인 피드백을 많이 받았습니다. 더불어 '우리 아이만 그런 것이 아니구나.' 하고 공감이 되면서, 해당 개월 수에 맞는 영상을 찾아보고 내 아이의 행동을 이해·공감할 수 있어서 도움이 된다고 합니다.

쉽고 간단하지만, 꼭 해야 하는 '엄마표 놀이'

그중에서도 아이와 하루 종일 뭘 하며 노는지, 코로나로 인해 외출조차 어려운 요즘 집에서 어떤 놀이를 해 줄 수 있는지에 대한 관심이 굉장히 높았습니다. 그래서 '훈육서' 다음으로 '놀이책'을 집필하게 되었습니다.

대단한 재료, 대단한 상호작용 방법이나 대단한 놀이가 아닙니다. 중요한 것은 아이가 보고, 듣고, 느끼는 일상을 놀이와 잘 연계해 주고 그 과정에서 아이가 세상에서 가장 사랑하는 엄마, 아빠를 비롯한 가족들과 함께 질적으로 높은 시간을 보내며 정서적인 안정감을 느낄 수 있도록 해 주는 것입니다. 놀이를 하면서 아이가 즐거움을 느낀다면 자연스럽게 아이의 놀이성과 주도성을 키워주고 창의력과 사고력도 길러줄 수 있습니다.

"잘 놀아야 잘 자란다."는 것을 오늘도 명심하시고, 앞으로의 육아도 함께 행복하게 해 갈 수 있기를 바라봅니다.

이민주 육아연구소

이민주

CONTENTS

CONTENTS

P a r t **5** **언어발달 놀이**

너무
재밌어요~

같이 놀아요~

PART 1

놀이 바로 알기

'놀이'는 선택이 아니라 필수입니다!

영유아 시기에 특히 중요하다고 강조하는 '놀이'는 외부 자극을 통해 영유아의 전인적 발달을 도모하고, 세상을 경험하고 배워가는 수단입니다. 여기서 전인적 발달이란 신체, 언어, 인지, 사회성, 정서 등 아이의 모든 발달 영역이 골고루 성장하는 것을 의미합니다. 그래서 놀이를 할 때는 특정 영역의 발달 자극만 과하게 촉진하는 것이 아니라 다양한 놀이 경험을 통해 아이의 발달이 고르게 이뤄질 수 있도록 해야 합니다.

간혹 "놀이는 언제부터 할 수 있나요?"라는 질문을 받습니다. 아기는 태어나는 순간부터 자연스럽게 보고, 듣고, 느끼며 외부 자극을 받게 됩니다. 부모는 아이와 눈을 맞추며 웃어주고, 즐거운 소리를 내어주고, 모빌을 보여주거나 두 손으로 얼굴을 가렸다 보여주며 까꿍 놀이를 하는 것으로 이미 놀이는 시작된 것입니다. 신체가 발달하면서 점차 스스로 움직임을 조절할 수 있게 되고, 주변을 탐색하기 시작하면서 놀이 경험이 폭발적으로 늘어가게 됩니다.

그렇다면, '놀이'는 왜 중요한 걸까요?

정부에서 교육과정(누리과정)을 '유아 중심, 놀이 중심'으로 개정했을 정도로 '놀이'는 중요하게 다뤄지고 있습니다. 교육 현장에서도 '놀이'는 이미 오래전부터 중요하게 여겨왔고, 아이를 키우는 가정에서도 '엄마표 놀이, 집콕 놀이, 놀이 육아' 이런 말들은 이제 낯설지 않습니다.

유명한 교육학자, 교육의 아버지 프뢰벨은 "놀이는 아이들이 자라나는 과정 그 자체이다."라고 하였습니다. 그 외에도 많은 유아교육학자들은 '놀이'를 '전인적 발달'과 연결 지어 설명합니다. 인간은 태어나면서부터 멈추지 않고 발달해 가지만, 모든 발달 이 동시에 이루어지는 것이 아니라 연령에 따라 집중적으로 발달하는 영역이 다릅니 다. 그래서 놀이할 때도 현재 우리 아이는 어느 영역이 집중적으로 발달하는 시기인지 초점을 두고, 놀이 환경과 놀잇감을 마련해 주어야 합니다.

놀이할 때 가장 중요한 것은 아이 스스로 자발성을 가지고 주도적으로 참여하여 '즐거움'을 느끼는 것입니다. 그래서 지금 아이의 놀이가 잘 이뤄지고 있는지 판단하 기 위해서는 아이 스스로 놀이를 선택하였는지, 선택한 놀이를 할 때 충분히 몰입하고 즐거워하는지를 관찰해 주시면 됩니다. 이때 놀이를 통해 얻은 결과물보다 놀이 과정 이 훨씬 중요하다는 것을 부모도, 아이도 느낄 수 있어야 합니다.

놀이와 부모 역할

아이가 스스로 놀이를 선택하고 주도하도록 하기 위해서는 부모가 아무것도 하지 않는 것이 아니라, 아이의 발달에 적합한 놀이를 즐겁게 경험할 수 있도록 적절한 환 경을 제공해 주어야 합니다. 또한, 즐거운 놀이 상대가 되어주는 것으로 놀이에 대한 흥미를 끌어줄 수 있어야 합니다. 그만큼 아이의 놀이에는 부모의 역할이 중요합니다.

I. 놀이 환경을 구성하고, 주기적으로 놀잇감을 교체해 주세요.

지금 우리 아이가 놀이하고 있는 공간을 잘 구성해 주고, 아이 발달과 흥미에 따라 주기적으로 놀잇감을 교체해 주어야 합니다. 아이 스스로 놀이를 선택하고 그 과정을 즐길 수 있도록 하기 위해서는 그만큼 환경 구성이 중요합니다. 아이가 생활하는 공간이 잘 구성되어 있을 때 아이는 놀이하고 싶은 욕구가 생기고, 안전하게 경험하면서 즐거움을 느낄 수 있습니다. 다만, 아이가 심심함을 느끼는 시간은 어느 정도 필요합니다. 그래야 '어떤 놀이를 할까?' 고민도 하게 되고 놀이 계획도 세워볼 수 있습니다. 하지만 놀이를 할 수 있는 공간이나 환경이 준비되어 있지 않으면 결국 가장 쉽게 접근할 수 있는 TV, 스마트폰, 태블릿 PC 등 전자 기기만 찾게 될 것입니다.

2. 놀이를 관찰하여 아이의 수준과 관심사를 파악해 주세요.

  놀이에서 부모 역할 중 '관찰자' 역할은 매우 중요합니다. 관찰할 때는 아이의 발달 수준과 흥미를 파악해 줄 수 있어야 합니다. 발달 수준이라고 하면 어렵게 느껴질 수 있겠지만, 한 가지 예시를 들어보겠습니다.

〈예시〉

- **놀이 영역** : 신체발달 놀이
- **놀이 목표** : 소근육을 즐겁게 사용하면서 손에 힘이 생기도록 하여 숟가락, 젓가락 사용이
         나 글씨 쓰기를 돕는다.

  1단계 신체발달 수준에 따라 처음에는 주먹만 한 크기의 물체를 잡고 힘을 주어 떼었다 붙였다 하는 놀이(34쪽)부터 시작해서 손 전체에 힘을 길러줍니다.

  2단계 집게를 사용해서 엄지와 검지, 중지를 쥐었다/폈다 하는 동작을 반복하며 손가락 힘을 길러줄 수 있습니다(50쪽).

  3단계 눈과 손을 협응하고, 좀 더 정교한 소근육의 조절이 필요한 가위질 놀이를 시도해 봅니다(66쪽).

이처럼, 아이 발달 수준에 따라서 놀이 수준도 같이 높여줄 수 있어야 합니다. 아이가 느끼기에 너무 쉬운 놀이도 흥미를 갖지 못하고, 너무 어려운 놀이도 집중력이 떨어질 수 있습니다. 더불어 아이가 자발적으로 놀이에 참여하기 위해서는 결국, 내 아이의 흥미에 맞는 놀잇감이 있어야 합니다. 아이가 평소 어떤 것에 흥미를 느끼고 즐거워하는지, 관심사가 어떤 것인지를 잘 관찰해야 적절한 놀이로 연계해 줄 수 있습니다. 그냥 종이를 자르도록 가위와 종이를 두는 것보다는 내 아이가 좋아하는 공룡 그림, 포켓몬 캐릭터가 있는 종이를 구비해 두면 억지로 가위질을 시키지 않더라도 즐겁게 참여할 수 있는 동기 부여가 되고 놀이 욕구가 생겨나겠죠.

3. 즐거운 놀이 상대가 되어주세요.

놀이를 하면서 아이는 자기표현을 시도하고, 타인의 마음에 공감해 보기도 하고, 또 다양한 역할을 이해하기도 합니다. 그래서 아이가 주도하는 놀이 상황에 맞게 누군가 적절하게 반응해 주는 상대방의 역할이 중요합니다. 이때 너무 갑작스러운 개입이나 하던 놀이에서 빠져나오는 것은 함께 놀이하던 아이의 몰입도와 집중력을 무너뜨릴 수 있습니다.

예를 들어, 아이가 요리사가 되어 요리를 준비하는 역할놀이가 한창인데 갑자기 현실의 엄마가 "뭐 하고 있어? 무슨 놀이야?"라고 묻게 되면, 기질적으로 대처가 능숙한 아이들은 "저는 요리사인데요? 피자 드실 분 가게로 오세요~"라고 하겠지만, 반대로 부끄러움을 많이 타거나 놀이가 익숙하지 않은 아이는 민망해하면서 집중했던 요리사 역할에서 순식간에 엄마의 딸로 태세 전환을 하며 순간 놀이가 끝나버릴 수 있습니다.

아이의 놀이에 개입하거나 놀이 상대가 되어줄 때는 "뭐 하고 놀아? 지금 뭐 하고 있어?"보다는 잠시 아이의 놀이 모습을 관찰한 후 "안녕하세요. 배가 고픈데 혹시 어떤 요리를 하고 있나요?", "저도 요리를 맛볼 수 있을까요?"처럼 아이의 놀이 상황에 맞는 놀이 상대가 되어줄 수 있어야 합니다. 또 함께 놀이를 하다가 집안일을 하거나 잠시 해야 할 다른 일이 있다면, "엄마 잠깐만 설거지하고 올 테니 놀고 있어."보다는 "맛있게 잘 먹었어요. 배가 불러서 저는 산책 좀 다녀올게요. 맛있는 음식 많이 파세요."라고 말한 후 자연스럽게 놀이에서 빠져나와야 합니다.

4. 사용 설명서 역할은 하지 마세요.

놀이에서 정답은 없습니다. 아이가 어떤 놀잇감을 어떤 방식으로 활용하든 문제 되지 않습니다. 그리고 '맞다/틀렸다'의 평가는 주입식 학습이지 절대로 놀이가 아닙니다. 예를 들어, 설명서가 있는 블록 구성 놀이를 하지만, 아이가 스스로 자유롭게 만들어낼 수 있도록 설명서를 제시하지 않는 놀이 방법은 창의력 증진에 도움이 될 수 있습니다. 마찬가지로 양육자가 "이건 이렇게 하는 거야. 먼저 가르쳐줄게. 따라 해 봐."라고 설명해 주는 것은 바람직하지 않습니다. 그보다 아이가 스스로 탐색하고 여러 가지 방법으로 시도하는 그 과정을 즐길 수 있게 해 준다면, 발달에도 도움이 될 수 있고 주도성, 창의성 모두 증진시켜 줄 수 있습니다. 아이들이 생각해내는 과정과 결과물을 보면 감탄이 절로 나올 때가 있습니다. 이때 비로소 아이 본인도 성취감을 느끼고 자존감도 높아질 수 있습니다.

5. 너무 많은 질문이나 말은 삼가 주세요.

　아이의 언어 자극과 놀이 상호작용을 위해 끊임없이 말을 하는 부모가 있습니다. 분명 부지런히 말을 걸고, 언어적 자극을 주면 언어발달에 도움이 되는 것은 맞습니다. 그런데 이 또한 너무 지나치면 아이가 집중하는 데 방해가 될 수 있습니다. 옹알이를 하는 수준의 아이라도, 아이의 옹알이가 끝난 후에 반응해 주는 것이 좋습니다. 부모가 쉴 틈 없이 말을 하면, 자칫 아이에게 옹알이나 자기 생각을 정리하여 말을 할 수 있는 시간이 주어지지 않거나 표현해야 하는 필요성을 느끼지 못할 수 있습니다. 이는 언어발달 측면에서도 중요하지만, 놀이에 대한 집중도 떨어뜨릴 수 있으니 주의해야 합니다. 아이의 놀이 모습을 관찰해서 상호작용이 필요한지 아닌지를 먼저 판단하고 적당한 선을 지켜줄 수 있어야 합니다.

오늘도 즐겁게 놀아볼까요?

씨앗, 새싹, 열매 단계는 이렇게 구분합니다.

어릴수록 아이마다 발달 속도 차이가 굉장히 크게 나타납니다. 예를 들어, 생후 10개월쯤 걷는 아이도 있지만 생후 18개월이 되어야 걷기 시작하는 아이도 있습니다. 또 언어발달 측면에서도 20개월쯤 '언어폭발기'를 맞이하여 문장으로 말하기 시작하는 아이도 있지만, 30개월이 되어도 아직 말이 트이지 않은 아이도 있습니다. 이처럼 영유아기는 아이 개인마다 발달 차가 큰 시기이므로 월령이나 연령보다는 발달 수준에 따라 단계를 구분하는 것이 바람직합니다.

발달은 씨앗(1단계), 새싹(2단계), 열매(3단계)로 구분하였고, 이는 영유아 발달 특성을 기본으로 하되, 참고할 수 있도록 대략적인 연령을 제시해 드립니다. 단, 표기된 연령보다는 내 아이의 발달 수준을 더 중요하게 고려해야 합니다.

씨앗 단계(0~2세)
신체 조절 능력이나 인지발달, 다른 사람의 말을 듣고 이해하는 수용언어 능력, 자신의 감정이나 의사를 표현하는 표현언어 능력 등 전반적인 발달이 미숙하고, 의사소통이 어렵습니다.

발달 수준에 맞게 놀아주세요!

새싹 단계(2~4세)
점차 자아가 강해지면서 좋고 싫음이 분명해지고 인지가 발달함에 따라 타인의 말을 듣고 이해하는 수용언어가 가능하지만, 아직 자신의 감정 조절이나 인식, 생각을 말로 표현하는 언어가 미숙합니다.

열매 단계(4세 이상)
다른 사람의 언어 수용 및 자기 의사 표현이 가능하고, 점차 자기조절력이 발달해 감에 따라 간단한 규칙을 지키고 조절하는 것이 가능합니다.

놀이 적용 시, 현재 내 아이의 발달 수준에 맞는 단계의 놀이를 경험시켜 주는 것이 좋습니다. 단, 아이가 능숙하게 해낼 수 있다면 조금씩 수준을 높여주면서 즐겁게 도전해 보고 성취감을 느낄 수 있도록 해야 합니다.

'놀이'가 중요한 건 알겠는데 어떻게 놀아야 하는지 도무지 감이 오지 않는다면, 이 책을 통해 아이와 함께 놀이에 참여해 보세요.

PART 2

신체발달 놀이

신체발달 놀이

신체발달은 크게 팔, 다리, 몸통, 어깨 관절 등 큰 근육을 사용하는 대근육 발달과 손, 손가락 등 비교적 작은 근육을 좀 더 섬세하게 사용하는 소근육 발달로 나뉩니다. 또한 기고, 걷고, 뛰는 과정에서 균형 감각을 익혀 스스로 무게 중심을 잡고 유지하는 방법도 배워갈 수 있습니다. 그리고 소근육 발달을 통해 밥을 먹을 때 숟가락 등 식사 도구를 사용하고, 양말을 신고, 연필을 쥐고 힘 있게 글자를 또박또박 쓸 수 있게 됩니다.

아이가 타고난 기질이 도전적이거나 양육자가 비교적 적극적이고 긍정적인 태도로 발달을 돕는다면, 신체가 잘 발달해 갈 수 있습니다. 반면, 워낙 조심성이 강한 기질의 아이이거나 양육자라면 신체발달 속도는 또래에 비해 다소 더딜 수 있습니다. 그래서 부모는 시기에 맞게 경험하고 도전해 볼 수 있도록 지지해 주면서 아이 개인의 발달 속도도 충분히 존중해 줄 수 있어야 합니다.

신체발달 놀이를 통해 에너지를 분출하며 스트레스를 해소할 수 있고, 스스로 신체를 조절해 감에 따라 자신감이 생기고, 가족이나 또래와 함께 신체 활동을 즐기며 사회성이 발달하고, 자기조절 능력이나 회복탄력성 등 정서발달에도 도움이 될 수 있습니다.

단계별로 이렇게 놀아주세요!

씨앗 단계

씨앗 단계의 아이는 이제 막 앉고 기는 아이부터 걷고, 뛰기 시작하는 아이까지 발달의 폭이 굉장히 큽니다. 또한, 낯설고 위험한 것에 대한 조심성이 강한 기질을 타고난 아이의 부모는 자칫 '내 아이는 신체 놀이를 싫어한다.'고 여길 수 있습니다. 하지만 이런 아이일수록 부모가 함께 몸 놀이에 참여하면서 안전하다는 것을 보여주고 아이가 꾸준히 신체 자극을 경험할 수 있도록 해 주어야 합니다. 반대로 타고나길 신체발달 능력이 뛰어난 아이들은 대 · 소근육을 사용하는 발달이 또래에 비해 빠를 수 있기 때문에 새싹 단계 놀이도 가능하다면 시도해 볼 수 있습니다.

새싹 단계

새싹 단계가 되면 이제 아이 스스로 신체를 조절하는 것이 가능해지고, 대근육과 소근육을 사용하는 것이 능숙해지면서 신체 놀이 영역에 적극적인 모습을 보입니다. 성장한 만큼 신체 활동 욕구도 높아지기 때문에 굉장히 활발하고 에너지가 넘치는 시기입니다. 충분히 에너지를 해소할 수 있도록 경험이 중요하지만, 자칫 위험한 행동을 즐기거나 과격한 놀이로 이어질 수 있으니 실내 또는 실외에서 신체 놀이 시 지켜야 하는 규칙을 함께 정하고, 안전하게 놀이에 참여할 수 있도록 부모도 그 역할을 다해야 합니다.

열매 단계

이전 단계보다 또래에 대한 관심이나 또래 집단에서 역할, 소속감 등 이런 것을 중요하게 여기는 시기입니다. 그래서 무엇보다 타인과 관계 맺는 기술이 필요하고 다른 사람과 함께하는 놀이에 참여할 때 지켜야 하는 규칙이나 배려하는 마음, 차례를 기다릴 수 있는 자기조절력을 배워야 합니다. 따라서 열매 단계 아이와 신체 놀이를 할 때는 이기고 지는 결과보다 놀이 과정을 즐기고, 타인과 함께할 때 즐거움도 느낄 수 있도록 도와주어야 합니다.

박스 터널 속으로

박스 안을 통과해 보아요.

준비물

박스

놀이 효과

박스 터널을 통과하며 팔, 다리, 몸통 등 큰 근육을 다양하게 움직이고 조절하는 신체 활동을 즐길 수 있습니다. 높낮이가 다른 박스를 활용하면 높고 낮음에 대한 차이도 인식할 수 있습니다. 또한, 대상영속성*이 발달하는 단계에서는 어떤 대상이 눈앞에 보였다가 사라졌다 다시 나타나는 것을 즐겁게 경험할 수 있습니다. 이때, 박스 사이로 까꿍 놀이를 즐겨보는 것도 굉장히 도움이 될 수 있습니다.

* 대상영속성 : 존재하는 물체가 어떤 것에 가려져 보이지 않더라도 사라지지 않고 지속적으로 존재한다는 것을 인식하는 능력

민주쌤's 놀이팁

아직 걸음마를 하지 못하고 기어 다니는 아기라도 박스 사이를 통과하면서 충분히 즐기며 근력을 키워줄 수 있어요!

씨앗 단계부터 할 수 있어요!

1 박스를 세우고 그 안에 쏘옥 들어가 숨어봅니다.

까꿍 😊

2 뚜껑을 열고 나오며 까꿍 놀이를 즐겨봅니다.

영차~ 영차~

3 박스를 눕혀 터널을 만들고, 영차영차 박스 터널을 통과해 봅니다.

높이높이 쌓아라!

컵라면을 높이높이 쌓아보아요.

우와~

 준비물

컵라면

 놀이 효과

밀기, 치기 등 물리적인 힘을 가해서 무너지고 떨어지고, '쿵' 부딪히는 등 변화하는 현상에 호기심을 느끼는 시기에 갖는 욕구를 충족시켜 줄 수 있는 놀이입니다.
또한, 연령이 높은 아이들은 쌓아가는 과정에서 무너지는 것이 반복될 때 무너지지 않도록 쌓기 위해서 더 집중하고 눈과 손을 협응하며 몰입할 수 있고, 완성 후 스스로 쌓아본 결과물에 성취감도 느낄 수 있습니다.

 민주쌤's 놀이팁

연령이 높을수록 개수를 많이 제공하여 더 높고, 다양한 형태의 입체물을 완성해 볼 수 있어요!

씨앗 단계부터 할 수 있어요!

1 컵라면 용기를 높이높이 쌓아 올려봅니다.

2 다양한 방법으로 자유롭게 쌓아 올려봅니다.

3 높이 쌓아본 컵라면 용기를 손으로 밀기, 발로 차기, 머리로 부딪히기 등의 방법으로 무너뜨려 봅니다.

숏티를 꽂아라!

스티로폼에 숏티를 꽂아보아요.

내가 올렸어요~ :)

스티로폼, 숏티(과일 이쑤시개 등 대체 가능),
작은 공(볼링공, 솜공 등), 고무줄

스티로폼에 숏티 꽂아보기, 숏티 위에 작은 공 올려두기, 고무줄을 엮어 연결해 보기 모두 소근육을 사용하면서 힘 조절을 시도할 수 있습니다. 또한 연결된 고무줄을 팅겨 소리도 탐색할 수 있는 감각 통합 놀이입니다.

숏티 대신 끝이 둥근 과일 이쑤시개를 활용할 수 있어요. 이쑤시개의 누르는 부분이 뾰족하면 아이가 힘을 주어 꽂기 어렵고 다칠 위험도 있으므로 한쪽 부분은 둥근 것으로 활용해 주세요!

씨앗 단계부터 할 수 있어요!

1 스티로폼에 숏티를 꽂아 봅니다.

쏘옥~

2 숏티 위에 작은 공을 올려봅 니다.

3 고무줄을 사용해 숏티와 숏티를 엮어 모양을 만들어 보고 손가락으로 튕겨 소리 도 내어봅니다.

반쪽 과일 떼기

분유통을 활용해 보아요.

준비물

분유통, 까슬이, 반쪽 과일 장난감

놀이 효과

집에서 자주 나오는 여러 가지 생활용품을 활용해 아이의 놀잇감으로 제공할 수 있습니다. 이 놀이는 까슬이에 붙어 있는 장난감을 손의 힘으로 떼어내고, 뚜껑을 열어 떼어낸 장난감을 담아보기도 하고, 다시 꺼내어 눈과 손을 협응하여 붙여보는 등 다양한 방법으로 즐길 수 있습니다. 분유통이나 반쪽 과일 장난감을 활용했지만, 다른 소품으로 충분히 대체가 가능하니 집에 있는 소품을 활용해 보세요.

민주쌤's 놀이팁

반쪽 과일 장난감을 붙였다 뗐다 하는 소근육 활동으로 경험할 수 있지만, 두드려보고 흔들어보며 청각을 자극하는 악기 놀잇감으로도 활용할 수 있어요!

• 분유통 놀잇감 만드는 법
❶ 분유통에 시트지를 붙인다(생략 가능). ❷ 까슬이를 붙인다.
❸ 반쪽 과일 장난감을 붙인다(붙였다 뗄 수 있는 다른 소품 대체 가능).

씨앗 단계부터 할 수 있어요!

1 분유통으로 만든 놀잇감에 반쪽 과일 장난감을 붙여봅니다.

2 손에 힘을 주어 반쪽 과일 장난감을 떼어봅니다.

3 분유통을 손, 막대 등으로 즐겁게 두드리며 소리를 탐색해 봅니다.

풍선 낚시

물고기 풍선을 잡아보아요.

물고기 풍선 잡았다!

 준비물

물풍선, 뜰채, 대야

**놀이
효과**

이유식 단계가 끝나고 유아식으로 넘어가면서 본격적으로 숟가락과 포크를 사용하게 되는데, 아직 소근육 발달이 미숙한 아기들은 도구 사용이 낯설고 어렵습니다. 식사 시간에 식기와 수저, 포크 등의 도구를 사용하도록 강요하면, 식사에 대한 흥미가 떨어지고 거부감이 생길 수 있습니다. 놀이 시간을 통해 숟가락질을 하듯 도구를 사용해 뜨고 담아보며, 손목과 손가락을 사용하고 조절하는 과정을 즐겁게 연습할 수 있습니다.

**민주쌤's
놀이팁**

물을 활용하기 어렵다면, 풍선 안에 물 대신 클립을 넣고 뜰채 대신 자석 낚싯대를 사용해 즐길 수 있어요. 자석 낚싯대는 장난감 낚싯대를 활용해도 좋아요. 낚싯대가 없다면 작은 자석에 끈을 붙이고 젓가락에 연결하여 간단하게 만들 수 있답니다!

씨앗 단계부터 할 수 있어요!

1 말랑말랑한 물풍선을 자유롭게 탐색해 봅니다.

2 물이 담긴 대야에 물풍선을 담아줍니다.

3 뜰채를 사용해 물풍선을 잡아봅니다.

구멍으로 쏙쏙

채반 구멍에 쏙쏙 꽂아보아요.

들어갔다!

준비물

채반, 젓가락, 면봉

**놀이
효과**

구멍이 많이 뚫린 채반을 탐색해 보고 구멍에 젓가락을 쏙쏙 꽂아봅니다. 가느다
란 젓가락을 작은 구멍에 꽂아보며 눈과 손을 협응하고 움직임을 조절해 볼 수 있
습니다. 월령이 높아질수록 면봉이나 면류 등 더 가늘고 작은 것을 활용할 수 있고,
혹시 씨앗 단계에서 젓가락 꽂기가 어려운 아기는 채반 구멍이 큰 것을 제시하여
난이도를 조절해 줄 수 있습니다.

**민주쌤's
놀이팁**

젓가락이 길어서 자칫 위험할 수 있습니다. 어린아이들과 놀이 시 보호자가 함께
꼭 참여해 주세요!

씨앗 단계부터 할 수 있어요!

1 채반에 있는 구멍을 자유롭게 탐색해 봅니다.

2 구멍에 젓가락을 쏙쏙 넣어 봅니다.

3 끝이 둥근 과일용 이쑤시개, 면봉, 면류 등도 구멍에 넣어 볼 수 있습니다.

망치로 쾅쾅!

달걀 껍데기를 부숴보아요.

 준비물　달걀 껍데기, 물감, 망치(대체 가능), 비닐(지퍼백 활용 가능)

 놀이 효과　여러 가지 도구로 달걀 껍데기를 두드려 산산조각을 내어보며, 아이는 물리적인 힘을 가해 변화되는 물질의 상태를 눈으로 관찰할 수 있습니다. 또한 물감을 활용했을 때, 색이 번지고 섞이는 것을 보며 시각 자극에도 도움이 될 수 있습니다.

 민주쌤's 놀이팁　망치가 없다면 막대, 국자, 숟가락 등 집에 있는 물건으로 대체 가능해요. 비닐은 택배 배송 시 투명 비닐을 모아뒀다가 활용할 수 있어요. 다만, 부서진 달걀 껍데기가 날카로울 수 있어 비닐을 두껍게 깔아주거나 얇은 비닐일 경우 달걀 껍데기를 더 작게 부숴 촉감을 느껴보는 것이 안전해요!

씨앗 단계부터 할 수 있어요!

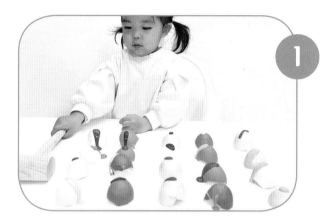

1 달걀 껍데기 반쪽을 뒤집어 놓아두고 물감을 뿌려 나열합니다.

2 그 위에 비닐(지퍼백 등)을 씌우고 망치로 두드려 부숴 봅니다(망치 대신 막대, 국자, 숟가락 등으로 대체 가능).

3 산산조각 난 달걀 껍데기와 섞인 물감의 색을 눈으로 탐색해 보고 촉감을 느껴 봅니다.

치카치카 이 닦기

칫솔을 즐겁게 사용해 보아요.

 준비물

치아가 보이는 얼굴 그림, 칫솔, 시트지(또는 손코팅지), 보드 마커, 인형

 놀이 효과

일상에서 칫솔과 칫솔질에 대한 친근감을 느낄 수 있도록 돕는 놀이입니다. 이유식을 시작하면서 아기도 이를 닦아주어야 하는데 특히 이가 나면 솔이 있는 칫솔을 사용하게 됩니다. 이때 입안 감각이 예민한 아이는 솔이 입안으로 들어오는 것 자체를 거부하여 어려움을 겪습니다. 그럼에도 피할 수 없기 때문에 최대한 놀이를 통해 이를 닦아야 하는 이유와 과정을 아이가 이해하고 일상에서 즐겁게 실천할 수 있도록 해야 합니다.

 민주쌤'S 놀이팁

놀이 전에 '이 닦기' 관련 그림책을 활용하여 이 닦는 모습과 순서를 살펴보고 놀이로 연계/확장할 수 있어요!

씨앗 단계부터 할 수 있어요!

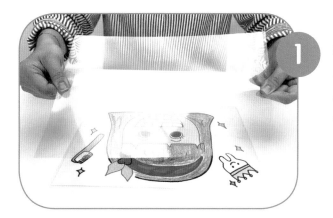

1 치아가 잘 보이는 도안을 프린트하거나, 그림으로 그려준 후 윗면에 손코팅지를 붙여줍니다.

2 치아 부분에 보드 마커로 세균이나 충치를 표현해 주고, 칫솔로 그 부분을 닦아봅니다.

치카치카~

푸~~

3 인형의 이를 닦아주면서 칫솔질을 즐겁게 해 봅니다.

응가 낚시놀이

응가를 변기에 넣어보아요.

 준비물

똥 그림(도화지), 그리기 도구, 가위, 클립, 아기 변기, 자석 낚싯대

 놀이 효과

배변 훈련의 첫 단계에서 변기, 응가, 쉬, 팬티 등에 친근감을 느낄 수 있도록 해야 하는데 놀이를 통해 그 경험을 즐겁게 할 수 있습니다. 그림책을 활용할 수도 있지만 직접 똥(응가) 그림을 그려보고 변기에 넣어주면 변기에 대한 거부감을 줄여줄 수 있습니다. 클립과 자석 낚싯대를 활용해 낚시놀이를 하며 눈과 손의 협응, 소근육 발달을 도울 수 있습니다.

 민주쌤's 놀이팁

자석 낚싯대는 장난감 낚싯대를 활용해도 좋아요. 낚싯대가 없다면 작은 자석에 끈을 붙이고 젓가락에 연결하여 간단하게 만들 수 있답니다!

씨앗 단계부터 할 수 있어요!

1 도화지에 응가 그림을 그리고 꾸며봅니다.

2 응가 그림을 가위로 자르고 클립을 끼워 제공하여 낚시 놀이를 즐겨봅니다.

3 잡은 응가는 아기 변기에 넣고 물을 내려봅니다. 이때 "응가 안녕~", "응가 잘 가~" 하고 인사하며 아이가 조금 더 친숙하게 느끼도록 도와줄 수 있습니다.

탈탈 널어요

깨끗하게 씻고 널어보아요.

 준비물

대야, 미니 걸이대, 작은 빨랫감(양말, 손수건 등)

 놀이 효과

아이가 평소 부모가 하는 집안일에 관심을 많이 보인다면, 빨래 널어보는 놀이를 함께해 볼 수 있습니다. 모방 행동을 많이 하는 돌 지난 아기들, 그 이상 연령이라면 충분히 즐겨볼 수 있는 놀이입니다. 빨래를 널어보고 집게로 집어보며 손가락에 힘을 주거나 빼는 것을 반복하며 소근육 발달을 도울 수 있습니다.

 민주쌤's 놀이팁

물을 사용하지 않고 건조된 양말이나 손수건 등을 사용해도 좋아요. 단, 빨래의 크기는 아이 손에 잡기 쉬운 작고 가벼운 것으로 선택해 주세요.
아직 집게 사용이 어려운 아기라면, 널어보는 활동까지 즐길 수 있답니다!

씨앗 단계부터 할 수 있어요!

1 물이 담긴 대야에 빨랫감을 넣어줍니다.

2 조물조물 문지르며 빨랫감을 씻어보고 물을 짜봅니다.
젖은 빨랫감을 미니 걸이대에 걸어보기도 합니다.

3 미니 걸이대에 빨랫감을 널고 빨래집게로 꽂아줍니다.

휴지심 걸기

동글동글 휴지심을 걸어보아요.

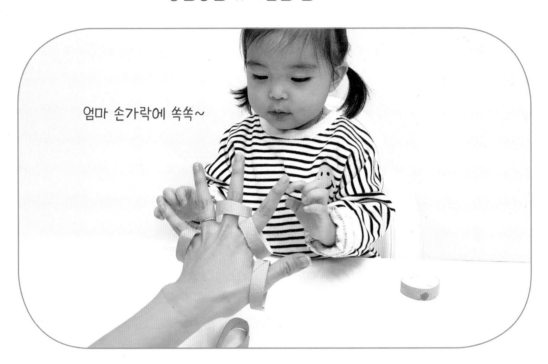

엄마 손가락에 쏙쏙~

 준비물　　　　　　　　휴지심, 가위, 걸이대

 놀이 효과　집에 있는 용품들로 손쉽게 즐겨볼 수 있는 놀이입니다. 휴지심을 손가락이나 발가락에 끼워보면서 자신의 신체에 관심을 가져보고 즐겁게 탐색할 수 있습니다. 또다른 사람의 손가락이나 발가락에 휴지심을 걸어보면서 자연스럽게 타인과 내가독립적인 존재임을 알 수 있고, 그 차이를 비교해 볼 수 있습니다.

 민주쌤's 놀이팁　걸이대는 젖병 건조대, 키친타월 걸이 등을 활용해도 좋아요. 월령이 높아지면, 색을 구분해서 걸어보는 것으로 수준을 높여줄 수 있답니다!

씨앗 단계부터 할 수 있어요!

1 길이를 짧게 자른 휴지심을
자유롭게 탐색해 봅니다.

2 걸이대에 휴지심 구멍을
맞추고 걸어봅니다. 이때,
여러 가지 걸이대를 활용해
흥미를 북돋아줄 수 있습니다.

3 자신의 손가락/발가락에
끼워봅니다.

솜공을 옮겨라

달걀판에 솜공을 채워보아요.

솜공 잡았어요~

솜공, 집게, 달걀판

솜공은 아이들에게 굉장히 매력적인 놀이 재료입니다. 부드러운 촉감을 느낄 수 있고 여러 가지 색깔과 크기로 구성되어 시각 자극을 줄 수 있습니다.
달걀판과 집게를 사용해서 솜공을 옮기는 과정은 눈과 손의 협응력을 키워주는 것은 물론, 달걀판을 채워가는 과정을 통해 집중력을 높여줄 수 있습니다. 연령이 높은 아이들은 솜공 대신 뚜껑에 숫자 스티커를 붙여 '수 놀이'로 활용할 수 있습니다 ('숫자를 찾아라' 놀이-184쪽 참고).

연령이 높아지면 젓가락을 사용해 솜공을 옮기는 놀이를 할 수 있어요. 반대로 집게 사용이 어려운 아기들은 도구 대신 손으로 솜공을 옮겨 담을 수 있답니다. 단, 구강 욕구가 강해 놀잇감을 입에 넣는 아기들은 반드시 보호자가 함께 놀이하고 잘 보관해 주세요!

씨앗 단계부터 할 수 있어요!

1 집게를 사용해 솜공을 집어 봅니다.

2 집게로 솜공을 집어 달걀판에 옮겨 놓습니다. 이때, 아이 발달 수준에 따라 손가락, 젓가락 등을 활용할 수도 있습니다.

3 솜공을 모두 넣어 달걀판을 가득 채워 완성해 봅니다.

검은 쌀 무당벌레

숟가락으로 쌀을 옮겨보아요.

 준비물

두꺼운 종이(박스 대체 가능), 휴지심, 검은 쌀, 숟가락

 놀이효과

이유식에서 유아식으로 넘어가면서 식사 때 숟가락, 포크 등 도구를 스스로 사용하기 시작하는 시기입니다. 아직은 숟가락질이 서툴기에 놀이 시간을 통해 숟가락을 활용하는 연습을 즐겁게 해 볼 수 있습니다.

 민주쌤's 놀이팁

식사 시간에 숟가락이나 포크 사용에 대한 지도를 반복하거나 교정해 주면, 아직 소근육 발달 및 조절이 서툰 아이는 식사 시간 자체에 거부감이 생길 수 있어요. 그러므로 식사 시간에는 되도록 부모님께서 도구를 사용하는 모델링을 보여주시고, 도구 사용에 대한 연습은 놀이 시간에 즐겁게 경험할 수 있도록 해 주세요!

씨앗 단계부터 할 수 있어요!

무당벌레네?

1 무당벌레 관련 그림책을 보며 무당벌레의 특징적인 모습을 살펴봅니다.

2 두꺼운 종이에 무당벌레를 그리고, 휴지심을 짧게 잘라 붙여 무당벌레의 점을 만들어줍니다(글루건을 사용하면 손쉽게 붙일 수 있어요).

3 숟가락으로 검은 쌀을 떠서 무당벌레의 점(휴지심 구멍)에 채워 무당벌레를 완성해 봅니다.

엮어라! 꿰어라!

단단한 종이에 실을 꿰어보아요.

준비물

단단한 박스 또는 종이, 안전 바늘, 실(또는 고무줄)

놀이 효과

앞서 씨앗 단계부터 할 수 있는 '구멍으로 쏙쏙' 놀이(38쪽)는 고정된 구멍에 맞춰 꽂아보는 활동이었다면, '엮어라! 꿰어라!' 놀이는 대상물(구멍 뚫린 종이)을 한 손에 잡고 다른 손으로는 안전 바늘을 잡고 구멍에 꿰어보는 놀이입니다. 이는 조금 더 정교한 소근육의 움직임이 필요한 활동이라, 한 단계 더 나아간 소근육 발달에 도움이 될 수 있습니다.

민주쌤's 놀이팁

사용하는 실(또는 고무줄)은 아이 눈에 잘 보이는 굵기와 여러 가지 색을 사용하면 흥미를 더 북돋아줄 수 있어요. 아직 힘 조절이 능숙하지 않기에 단단한 종이를 사용해 주세요!

씨앗 단계부터 할 수 있어요!

1 단단한 박스(종이)에 좋아하는 모양을 그리고 오려낸 뒤 구멍을 뚫어줍니다.

2 구멍에 실을 통과시켜 꿰어봅니다. 안전 바늘이 없다면, 운동화 끈처럼 실 또는 끈의 끝이 단단한 것을 활용하여 놀이할 수 있습니다.

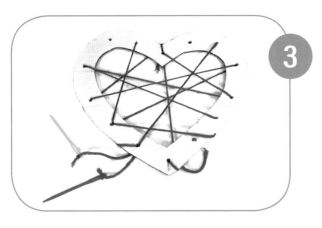

3 요리조리 실을 꿰어 여러 가지 모양을 만들어봅니다.

빨래집게를 꽂아요

빨래집게를 꽂아보아요.

 준비물

빨래집게, 종이 접시(인형 등)

 놀이 효과

빨래집게를 사용하는 놀이는 소근육 중에서도 특히 엄지와 검지를 더 섬세하게 발달시키는 데 도움이 될 수 있습니다. 이는 식사 시 젓가락을 사용하거나 글자를 쓸 때 필요한 엄지와 검지의 힘을 길러줄 수 있습니다. 식사할 때 젓가락 사용에 대해 지도하거나 글자를 배우고 쓸 때 교정을 해 주게 되면 아이는 식사에 대한 거부감, 연필을 쥐고 쓰는 것에 대한 거부감이 생길 수 있으니 일상 놀이에서 즐겁게 경험하면서 힘을 길러주는 것이 좋습니다.

 민주쌤's 놀이팁

아이 손이 작기 때문에 너무 큰 빨래집게를 사용하면 어려울 수 있으니 작은 집게를 사용하는 것이 좋아요! 또한 집게마다 색이 다르기 때문에 색 분류 놀이로 확장도 가능하답니다.

씨앗 단계부터 할 수 있어요!

1 내 옷에 빨래집게를 꽂았다가 빼며 집게를 탐색해 봅니다.

2 종이 접시 또는 인형 등 물건에 빨래집게를 꽂아 봅니다.

3 빨래집게를 여러 개 연결하며 자유롭게 모양을 만들어 봅니다.

맞춰라 슝~

페트병 볼링을 만들어 놀이를 즐겨보아요.

슝~ 넘어져라!

준비물

페트병, 내용물(곡식, 모래, 소품 등)

놀이 효과

페트병의 좁은 입구에 여러 가지 내용물을 넣어보며 소근육을 조절해 볼 수 있고, 직접 만든 놀잇감으로 볼링 놀이를 즐기며 대근육 발달을 돕는 놀이까지 연계할 수 있습니다. 이처럼 간단하게라도 놀잇감을 직접 만들어보는 경험은 아이의 놀이성을 강화해 주어 연령이 높아질수록 놀이에 대한 주도성과 자율성을 증진시켜 줄 수 있습니다.

민주쌤'S 놀이팁

빈 페트병으로 단순히 볼링 놀이를 즐길 수도 있지만 페트병에 내용물을 넣어 눈으로 보고, 흔들어 소리를 들어보고, 신체 놀이도 즐기는 과정을 통해 더 의미 있는 시간을 보낼 수 있어요. 또한 스티커, 매직 등으로 투명한 페트병을 꾸며보며 미술 놀이와 연계도 가능하답니다.
단, 내용물은 삼키지 않도록 주의 깊게 관찰하며 양육자가 함께 참여해 주세요!

씨앗 단계부터 할 수 있어요!

1 페트병 안에 내용물(곡식, 모래, 솜공 등)을 넣어줍니다.

무슨 소리지?

2 페트병을 흔들어 내용물이나 힘의 세기에 따라 달라지는 소리를 들어봅니다.

3 페트병을 볼링 핀처럼 세워 두고 공을 굴려 쓰러뜨려 봅니다.

폴짝폴짝

한 발, 두 발 점프해 보아요.

폴짝!

폴짝!

준비물

색 테이프

**놀이
효과**

표시된 칸 안에 착지하며 자신의 신체를 조절하는 과정을 통해 신체 조절 능력과
균형 감각을 높여줄 수 있습니다. 또한, 실내에서 과하게 뛰어다니고 움직일 때 이
놀이를 시도하면 흥분을 가라앉히고 움직임을 제한하며 집중력을 높이는 데 도움
이 될 수 있습니다.

**민주쌤s
놀이팁**

실내에서 종종 뛰어다니는 것으로 스트레스를 받고 있다면, 일자로 테이프를 붙여
양팔을 벌리고 테이프를 따라 살금살금 균형을 잡으며 걷는 놀이도 도움이 될 수
있어요. 또한, 신체 발달 정도에 따라서 난이도를 조절해 주세요. 한 발 뛰기가 어
렵다면 모둠발 뛰기로도 충분히 즐길 수 있답니다!

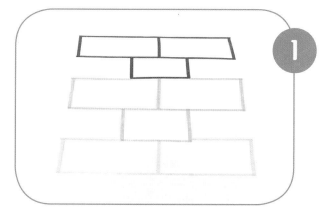

1 바닥에 네모 칸을 연결해
색 테이프를 붙여줍니다.

2 한 칸에는 한 발로 착지하며
뛰어봅니다.

3 두 칸에는 두 발로 착지하며
뛰어봅니다.

착착 붙여라!

하드 바를 연결할 수 있어요.

어떤 모양을 만들어볼까?

준비물

하드 바, 까슬이, 보슬이

놀이 효과

하드 바 끝에 까슬이와 보슬이를 각각 붙여 다양한 형태를 만들어보는 놀이입니다. 하드 바를 직선으로 연결하여 길게 늘려보고, 짧게 연결한 하드 바와 비교하며 자연스럽게 '길다/짧다', '크다/작다' 등 길이와 크기를 알아볼 수 있습니다. 또한 △, ㅁ 등 여러 가지 모양을 만들어보며 도형의 특성에 관심을 가짐으로써 수학적 탐구를 경험할 수 있을 뿐 아니라, 글자 모양을 만들어 한글 놀이로 활용할 수도 있습니다.

민주쌤's 놀이팁

한글에 관심을 보이는 아이라면, 하드 바를 연결해 글자를 만들어보는 것으로 한글 놀이에 활용해도 좋아요!

새싹 단계부터 할 수 있어요!

1 하드 바 양 끝에 까슬이와 보슬이를 각각 붙여줍니다.

2 하드 바 끝과 끝을 붙여 길게 또는 짧게 연결해 봅니다.

3 여러 가지 모양을 자유롭게 만들어보고, 각각의 모양을 조합하거나 모양의 특성에 대해 함께 이야기 나누어 봅니다.

두부 미사일 놀이

누가 누가 멀리 날리나~

후우~

준비물

두부, 빨대, 휴지심, 공(생략 가능)

놀이 효과

언어가 발달하는 시기에 '후~' 불어내는 놀이는 입 주변의 구강 근육을 많이 사용하여 근육을 단련시킬 수 있습니다. 빨대를 입에 물고 '후~' 입김을 불어보는 것과 유사한 놀이를 반복하면 소리를 산출하는 과정을 자연스럽게 경험할 수 있어 언어 발달에도 도움이 될 수 있습니다.
비슷한 놀이로는 촛불 불기, 민들레 홀씨 불기, 악기 또는 호루라기 불어 소리 내기, 가벼운 종이나 휴지 불기 등이 있습니다.

민주쌤's 놀이팁

색소를 활용하면 여러 가지 색깔의 두부 촉감놀이도 함께할 수 있어요!

새싹 단계부터 할 수 있어요!

1 빨대를 사용해 두부를 콕 찍어봅니다.

2 빨대를 입에 물고 입김으로 후~ 불어 빨대 속의 두부를 쏘아봅니다.

3 휴지심을 세우거나 휴지심 위에 공을 올려서 목표물을 만들어보고, 두부 미사일 맞추기 놀이를 즐겨볼 수 있습니다.

싹둑싹둑, 헤어샵

가위질을 해 보아요.

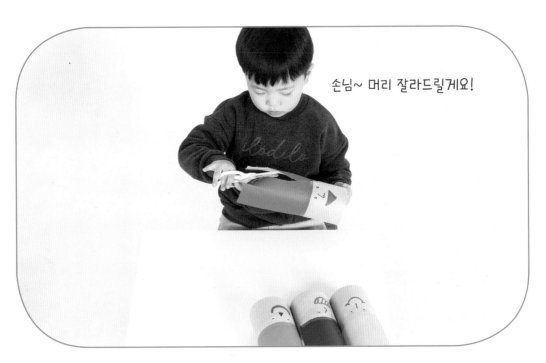

손님~ 머리 잘라드릴게요!

준비물

휴지심, 색지, 안전 가위, 테이프/풀

놀이 효과

엄지와 검지를 끼워 가위를 잡고 가위질을 시도해 볼 수 있습니다. 가위질을 통해 아이는 성취감을 느끼고, 손가락의 미세한 운동을 시도하며 소근육 발달을 도울 수 있습니다. 하지만 가위 사용이 능숙한 단계는 아니기 때문에 아이가 어려워한 다고 좌절하지 마시고 손으로 종이 찢기 놀이부터 시도해 볼 수 있습니다.

민주쌤's 놀이팁

가위는 아이가 사용할 수 있는 안전 가위를 마련해 주세요. 가위질이 서툰 아이는 좀 더 두꺼운 종이를 활용하면 수월하게 잘라낼 수 있어요. 아이가 놀이에 흥미가 떨어지지 않도록 발달에 맞게 난이도를 잘 조절해 주는 것이 중요해요! 종이를 자르고 난 후 머리카락 부분을 돌돌 말거나 접어서 다양한 헤어스타일을 만들어주면 더욱 재미있겠죠?

새싹 단계부터 할 수 있어요!

1 휴지심 끝부분에 색지를 둘러 테이프나 풀로 고정 시켜 줍니다. 이때, 얼굴 부분이 되는 휴지심을 다양한 표정으로 꾸며줄 수도 있답니다.

2 안전 가위를 활용하여 색지 머리카락을 싹둑싹둑 잘라 다양한 헤어스타일을 완성해 봅니다.

3 만든 놀잇감을 활용하여 손 인형 역할놀이도 즐겨볼 수 있습니다.

무슨 색깔, 어떤 모양

색종이 도형을 밟아보아요.

준비물

색종이, 가위, 테이프

놀이 효과

'빨간색 동그라미', '노란색 네모' 등 지시어에 해당하는 색과 모양을 찾아 올라서서 신체 균형을 유지해 볼 수 있습니다. 이 과정에서 아이는 다양한 색과 모양을 인지함과 동시에 다른 사람이 말하는 지시어를 듣고 이해하는 능력을 키워나가게 됩니다. 혼자 하는 놀이가 아닌, 다른 사람과 함께하는 신체 활동을 즐기는 기회가 될 수 있습니다.

민주쌤's 놀이팁

아직 제자리에 두 발로 서서 균형을 잡는 것이 어렵다면, 모양 종이를 좀 더 크게 잘라줄 수 있어요.
신체가 발달함에 따라 더 작은 크기의 모양이나 한 발 서기를 시도하며 난이도를 조절하여 놀이할 수 있답니다!

새싹 단계부터 할 수 있어요!

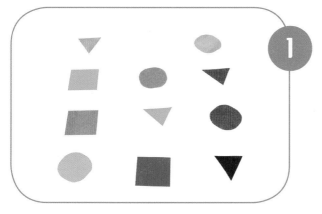

1 여러 가지 색깔의 ○, △, □ 모양의 종이를 바닥에 흩어 놓습니다.

2 다른 사람은 "빨간색 동그라미", "노란색 네모" 등 색깔과 모양을 외쳐줍니다.

3 지시어에 따라 알맞은 색과 모양 위에 올라서서 균형을 잡아봅니다.

다리 사이로 슝~

다리 사이로 공을 골인해 보아요.

 준비물

공

 놀이 효과

다리와 발의 움직임을 조절하는 경험을 통해 신체 조절 능력을 키워줄 수 있고, 한 발로 균형을 잡고 다른 발로 공을 차보며 신체 균형을 유지할 수 있습니다. 또한, '공'이라는 도구를 사용하여 다른 사람과 함께하는 신체 활동을 즐기며 상대방과의 친밀감, 유대감을 높일 수 있습니다.

 민주쌤's 놀이팁

공을 굴리거나 발로 차서 목표물 사이로 공을 골인시켜 볼 수 있는데 집안일을 하는 등 아이 혼자 놀이해야 하는 시간이 필요하다면, 커다란 바구니를 두고 넣어보도록 준비해 줄 수 있어요!

새싹 단계부터 할 수 있어요!

1 두 사람이 다리를 벌려 마주 보고 섭니다.

2 공을 굴려서 다리 사이 골대로 넣어봅니다.

3 발로 공을 차서 다리 사이 골대로 넣어봅니다.

골프 슛

골프 놀이를 즐겨요.

 준비물 긴 막대, 공, 상자(바구니 등 공을 담을 수 있는 것)

 놀이 효과 막대로 공을 쳐서 목표 지점까지 굴려보는 과정에서 눈과 손, 다리 등 여러 신체 기관을 협응하여 활용해 볼 수 있습니다. 가까운 곳과 먼 곳으로 공을 이동시킬 때 스스로 힘을 조절하며 그 차이를 느껴볼 수 있습니다. 특히, 이 놀이는 연령과 상관없이 엄마, 아빠, 형제자매가 함께 게임하며 즐길 수 있는 놀이로, 가족 간의 친밀감을 높일 수 있습니다.

 민주쌤's 놀이팁 공의 크기나 바구니의 크기를 달리하며 난이도를 조절할 수 있어요!

열매 단계부터 할 수 있어요!

1 거리를 두고 상자를 놓아 막대로 공을 쳐서 상자 안으로 넣어봅니다.

2 더 먼 곳으로 상자를 옮긴 후 공을 더 세게 쳐서 상자 안으로 넣어봅니다.

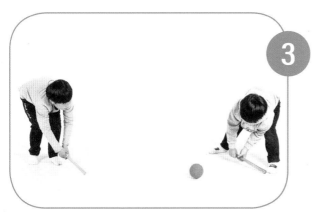

3 서로 먼 거리에서 막대로 공을 쳐서 주고받으며 신체 게임을 즐겨볼 수 있습니다.

옷걸이 배드민턴

실내에서 풍선 배드민턴을 즐겨요.

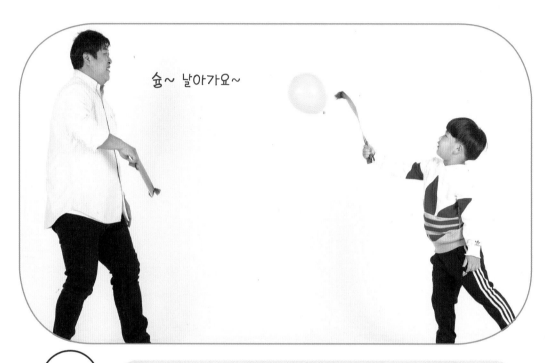

슝~ 날아가요~

준비물

옷걸이, 스타킹, 풍선

놀이 효과

풍선을 주고받는 이 놀이는 전신을 활용하며 대근육 신체 활동을 즐길 수 있고, 라켓으로 풍선을 쳐서 상대방에게 보내는 것처럼 물체를 맞추며 거리감을 익힐 수 있습니다.

실외 활동이 어려울 때나 실내에서 에너지가 넘칠 때, 풍선을 활용하면 에너지가 많은 영유아기 아이들의 에너지를 충분히 발산하면서 실내에서 신체 활동을 즐길 수 있습니다. 혹시 층간 소음이 걱정된다면, 발은 고정한 상태에서 풍선을 주고받는 것으로 규칙을 정할 수 있습니다.

민주쌤's 놀이팁

옷걸이와 스타킹이 아니더라도 집에서 쉽게 활용할 수 있는 장난감이나 도구로 놀이할 수 있어요. 또한, 두 명이 주고받지 않더라도 아이 혼자 통통 위로 쳐보는 놀이로 모델링을 해 주시면 혼자 놀이 시간을 가질 수 있답니다!

열매 단계부터 할 수 있어요!

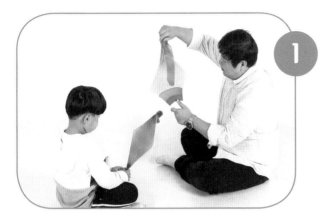

1 옷걸이 가운데 부분을 잡아 당겨 구부려주고 스타킹을 씌워 라켓을 만들어줍니다.

2 라켓으로 풍선이 떨어지지 않게 통통 위로 치면서 얼마나 치는지 횟수를 세어 봅니다.

3 상대방과 풍선을 주고받으며 배드민턴 놀이를 즐겨봅니다.

옷 그림자놀이

옷 모양과 같은 포즈로 누워보아요.

저 똑같죠?

준비물

상의, 하의

놀이 효과

상의와 하의를 바닥에 놓고 다양한 포즈를 잡아 그 위에 똑같은 포즈로 누워보는 놀이입니다. 팔과 다리 쭉 펴기, 'ㄴ' 모양으로 접기, 양팔과 다리 모양을 다르게 하기 등 다양한 신체 움직임을 옷을 통해 즐겁게 시도해 볼 수 있습니다.
이러한 활동을 통해 아이는 자신의 신체를 긍정적으로 인식하며 여러 가지 신체 움직임에 도전해 볼 수 있습니다.

민주쌤's 놀이팁

부모님의 옷이나 형제자매의 옷을 활용하여 함께 놀이하면서 다른 사람의 움직임도 살펴볼 수 있도록 한다면 아이가 훨씬 즐겁게 참여하는 놀이가 될 수 있어요.
또한, 사진을 찍어 서로의 모습을 확인하면 더욱 흥미를 북돋아줄 수 있답니다!

열매 단계부터 할 수 있어요!

1 상의를 바닥에 놓고 팔 부분을 움직여 고정합니다.

2 하의를 바닥에 놓고 다리 부분을 움직여 고정합니다.

3 옷 위에 같은 포즈로 누워 봅니다. 포즈가 완성되면, 사진을 찍어 포즈를 감상 해 봅니다.

나만의 집 만들기

색 빨대 집을 만들어보아요.

 준비물

종이, 색연필, 색 빨대(빨대 블록 대체 가능), 테이프

놀이 효과

머릿속으로 구상한 것을 그림으로 그린 후에 빨대를 사용해 입체적으로 만들어가는 것은 공간과 도형의 기초 개념을 알아가는 데 도움이 될 수 있습니다. 하지만, 사전에 구상하는 단계를 생략하고 자유롭게 구성 활동을 바로 시작해도 좋습니다. 또한 가족과 함께 협동해서 만들어보는 것도 좋습니다. '가족 협동 놀이' 과정을 통해 서로 돕고 양보하고 배려하는 등의 의사를 결정하는 경험은 또래 관계를 맺어가는 데 도움이 될 수 있습니다.

민주쌤's 놀이팁

빨대는 휘어지는 것이나 일자 빨대를 혼합 활용하거나 빨대 블록을 활용해도 좋아요!

열매 단계부터 할 수 있어요!

1 빨대로 구성하고 싶은 집을
자유롭게 그림으로 그려봅니다.

2 빨대를 탐색하며 이어 연결해
다양한 모양을 만들어봅니다.

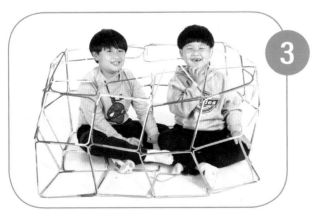

3 연결한 빨대가 무너지지
않도록 테이프로 붙여
나만의 집을 완성해 봅니다.

오감발달 놀이

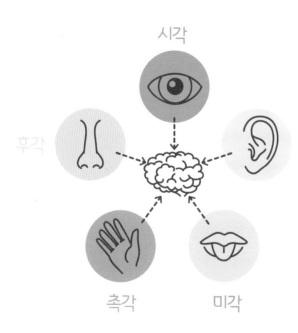

오감발달 놀이

시각, 청각, 촉각, 미각, 후각을 오감각 기관이라고 하는데, 이 감각 기관은 엄마 배 속에 있는 태아 시기부터 발달하기 시작합니다. 출생 후 외부로부터 다양한 자극을 받으며 감각 기관은 더욱 발달하고 뇌의 신경회로, 시냅스를 정교화할 수 있습니다.

영유아기는 '뇌 발달의 결정적인 시기'라고 할 만큼 뇌 활동 및 발달이 활발하게 이뤄집니다. 이때, 뇌의 특정 부분이 아닌 뇌 전체가 전반적으로 발달하기 때문에 특히 오감각을 자극하는 놀이 경험이 필요한 것입니다.

놀이할 때는 한 영역의 감각만 사용하는 것이 아니라, 다양한 감각을 통합적으로 사용하기 때문에 균형적인 발달을 도울 수 있습니다. 예를 들어, 딸기를 사용해 촉감놀이를 하더라도 딸기의 색과 모양을 관찰하는 시각 자극, 딸기 향을 맡아보는 후각 자극, 만지고 으깨며 느끼는 촉각 자극, 딸기를 믹서기에 갈아보며 소리를 들어보는 청각 자극, 딸기주스를 만들고 맛을 보는 미각 자극까지 오감각을 통합적으로 느끼고 사용할 수 있습니다. 이러한 경험을 일상생활에 적용하며 능동적으로 탐색 과정을 즐기고 스스로 효능감, 성취감을 느낄 수 있게 됩니다.

단계별로 이렇게 놀아주세요!

씨앗 단계

씨앗 단계는 '구강기'로 빨기 욕구가 강한 시기입니다. 궁금한 것이 있으면 일단 입으로 가져가기 때문에, 오감 놀이가 부담스러운 시기이기도 합니다. 그래서 아이가 입에 가져갈 때마다 제지하거나, 아예 탐색의 기회를 주지 않는 경우가 많습니다. 하지만 아이의 욕구는 충분히 충족시켜 줄 수 있어야 합니다. 그래야 '빨기'에 집착하지 않고 건강하게 다음 단계로 넘어갈 수 있습니다. 따라서 '구강기'에는 안전하게 입으로 탐색할 수 있는 재료를 활용하거나, 입으로 탐색하더라도 찢어지거나 파손되지 않는 자료를 선정하는 것이 바람직합니다.

새싹 단계

'구강기'가 끝나면 좀 더 다양한 재료를 활용한 오감 놀이가 가능해집니다. 새싹 단계는 무엇보다 자아가 형성되고 자율성이 발달하는 시기로 스스로 하고자 하는 욕구가 강합니다. 그래서 부모는 놀이 상황이 통제가 되지 않아서 힘들고, 아이는 스스로 하고 싶어서 떼를 쓰게 되는 상황이 펼쳐지기도 합니다. 이때, 준비한 놀이 재료를 한 번에 제시하기보다는 간단한 재료를 소량씩 제공하고, 놀이에 흥미가 떨어지는 듯할 때 놀이 재료를 추가로 제공한다면, 놀이가 점진적으로 확장될 수 있고 아이가 좀 더 오랫동안 앉아서 놀이하며 집중력도 높여줄 수 있습니다.

열매 단계

씨앗과 새싹 단계를 잘 거쳤다면, 이제 충분히 놀이성이 향상되어 자기 놀이를 주도할 수 있는 시기입니다. 이때 부모는 아이가 자기 생각대로 자유롭게 감각 기관을 사용해 탐색해 보고 시도해 볼 수 있도록 기회를 제공해 주어야 합니다. 감각 통합이 잘 이뤄지면 아이는 일상에서 먹고, 씻고, 옷을 입는 등 자조 활동이 능숙해지고 새로운 환경에도 더 수월하게 적응해 갈 수 있습니다.

에어캡 물감 놀이

물감 도장을 찍어보아요.

준비물

에어캡, 종이컵(휴지심, 투명 컵 등으로 대체 가능), 고무줄,
물감, 도화지, 붓(생략 가능)

**놀이
효과**

에어캡을 사용한 물감 도장 찍기 놀이입니다. 붓을 사용한 그리기 활동에서 더 나
아가 에어캡의 올록볼록한 모양을 찍어보며 나타난 모습을 즐겁게 탐색해 볼 수
있습니다. 이처럼 일상에서 쉽게 구할 수 있는 재료들을 활용할 때 색다른 경험으
로 아이의 흥미를 북돋아줄 수 있고, 집중력과 놀이성을 키워줄 수 있습니다. 여러
가지 색 물감을 제공하면 색이 찍힌 모습과 색이 혼합되어 나타나는 모습도 함께
관찰할 수 있습니다. 이때, 에어캡을 고정하는 종이컵이나 휴지심은 아이 손에 잡
히는 정도의 굵기가 적당합니다.

**민주쌤's
놀이팁**

에어캡 물감 놀이 전에 에어캡 탐색 활동을 즐기는 것도 오감 자극에 도움이 될 수
있어요!

🦋 씨앗 단계부터 할 수 있어요!

1 에어캡의 촉감, 소리 등을 탐색하며 감각 놀이를 즐겨 봅니다.

2 붓에 물감을 묻혀 에어캡 위에 그림을 그려봅니다.

3 에어캡 조각을 잘라 컵(휴지심 등)의 입구 부분에 고무줄로 묶어 고정하고, 에어캡 물감 도장 찍기를 즐겨봅니다.

투명 우산 꾸미기

나만의 우산을 만들어보아요.

물이 떨어지네~

준비물

투명 우산, 색 시트지(스티커로 대체 가능), 매직

**놀이
효과**

아이들에게 우산은 기분 좋은 생활 도구입니다. 투명한 우산을 활용해 '나만의 우산'
으로 꾸며보며 즐거움을 느낄 수 있습니다. 매직으로 그림을 그리고 색 시트지를 모양
내어 잘라 붙이거나 좋아하는 스티커를 붙여 우산을 자유롭게 꾸미는 과정에서 시지
각(시각 · 지각) 발달*을 돕는 활동을 충분히 경험할 수 있습니다. 또한 종이가 아닌
색다른 도구로 미술 활동을 즐길 수 있어 아이의 흥미를 더욱 북돋아줄 수 있습니다.

* 시지각 발달 : 눈을 통해 들어오는 정보를 지각하고 인식하는 것

**민주쌤's
놀이팁**

완성된 우산은 비 오는 날 실제로 쓰고 나가볼 수 있어요. 비가 오지 않는다면, 목
욕 시간에 샤워기를 활용하거나 물통을 챙겨 실외에서 우산 위에 물을 떨어뜨려
비 놀이를 즐겨볼 수 있어요! 우산에 떨어지는 물소리는 아이의 청각을 자극해 줄
수 있답니다.

씨앗 단계부터 할 수 있어요!

1 엄마(또는 아빠)와 함께
우산을 접었다 펼치며
즐겁게 탐색해 봅니다.

2 모양 시트지 또는 스티커를
붙이고, 여러 가지 색의 매직
으로 우산을 알록달록 꾸며
봅니다.

3 우산에 물방울이 떨어지는
모습과 소리를 관찰해 봅니다.

오
감
발
달
놀
이

바스락바스락, 비닐

다양한 방법으로 비닐 소리를 탐색해 보아요.

바스락 소리가 나요!

비닐봉지, 방울

비닐은 생후 6개월 이전 아기라도 활용할 수 있는 좋은 놀이 재료입니다. 형태와 무게가 없고 조금만 닿아도 바스락바스락 소리가 잘 나기 때문에 손에 힘이 없는 아기들도 자유롭게 탐색이 가능합니다. 씨앗 단계쯤에는 비닐 자체만 탐색할 수 있지만, 점차 연령이 높아지면서 비닐을 다양한 방법으로 놀이에 활용할 수 있습니다.

비닐봉지에 바람을 넣어 묶은 후 가벼운 스틱으로 치며 소리를 들어볼 수도 있어요. 또, 부채를 사용해 바닥에 닿지 않도록 치면 신체 활동으로도 확장이 가능하답니다!

🦋 씨앗 단계부터 할 수 있어요!

바스락~   바스락~

1 비닐봉지를 손으로 만지며 소리를 탐색해 봅니다.

2 비닐봉지에 바람을 넣어 묶은 후 흔들어 소리 내어 봅니다.

3 비닐봉지 안에 방울을 넣고 흔들어 소리를 들어봅니다.

알록달록 물들이기

하얀 천에 물들여보아요.

알록달록 예쁘다!

하얀 천(손수건 등), 망치(두드릴 수 있는 것), 지퍼백,
과일(껍질 가능), 색이 있는 자연물

두드리거나 주물렀을 때, 즉 아이가 스스로 물리적인 힘을 가했을 때 변화되는 현상을 눈으로 직접 보고 탐색할 수 있는 놀이입니다. 여러 가지 색을 물감이나 색소가 아닌, 주변에서 볼 수 있는 자연물을 통해 흰색 천에 물들이며 색의 아름다움을 경험할 수 있습니다. 연령이 높아지면서 좋아하는 색과 자연물을 활용하여 의도된 작품을 만들어볼 수도 있습니다.

두드리는 과정에서 튀지 않게 하기 위해 지퍼백을 활용하는데, 지퍼백을 활용하지 않고 직접 주물러 촉감을 느끼며 물들여보아도 좋아요!

씨앗 단계부터 할 수 있어요!

1 지퍼백에 하얀 천과 자연물 (물들이고 싶은 것)을 펼쳐서 넣고 여러 가지 색과 촉감을 탐색해 봅니다.

2 지퍼백을 닫은 후 망치 (두드릴 수 있는 것)로 통통 자연물을 두드려줍니다.

3 하얀 천을 꺼내 물에 헹궈 건조시킨 후 물이 든 손수건 을 감상해 봅니다.

마라카스 만들기

마라카스를 만들어 연주해 보아요.

어떤 소리가 날까?

 준비물

공병, 곡식, 꾸미기 재료

 놀이 효과

빈 병을 활용해 나만의 마라카스를 만들어보는 놀이입니다. 안에 들어갈 내용물을 다양하게 제공해 주면 좀 더 여러 가지 소리를 들어보며 청각 자극이 이뤄질 수 있습니다. 또한 통의 겉면을 꾸며보면서 즐거움을 느끼고, 스티커를 붙이고 그림을 그리면서 소근육 발달을 도울 수 있습니다. 이뿐만 아니라 내가 만든 마라카스에 애착을 갖게 되면서 청각 자극 놀이가 지속될 수 있습니다.

 민주쌤's 놀이팁

아이 발달에 따라 공병 입구의 크기를 조절해 줄 수 있어요. 혹시 입구가 크지 않은 페트병을 사용한다면, 깔때기를 사용해 보세요. 단, 내용물이 잘 보이는 투명한 공병을 사용하는 것이 좋아요!

🦋 씨앗 단계부터 할 수 있어요!

1 공병에 스티커를 붙여 꾸며
봅니다.

2 공병 안에 곡식을 넣어
마라카스를 만들어줍니다.

3 마라카스를 흔들어 소리를
들어봅니다.

주방 도구 연주회

주방 도구를 두드려 소리를 탐색해 보아요.

 준비물

주방 도구

 **놀이
효과**

집에서 사용하는 여러 가지 주방 도구를 사용해 소리를 탐색하는 놀이입니다. 냄비, 용기, 채반 등 주방용품을 국자, 숟가락, 젓가락 등 다양한 도구로 두드리거나 서로 부딪혀 소리를 내어볼 수 있습니다. 여러 가지 방법으로 소리를 낼 수 있고, 또 소리를 탐색하며 각각 다른 소리가 난다는 것 또한 인지할 수 있습니다.

**민주쌤's
놀이팁**

주방 도구를 제공할 때는 아이가 두드리고 흔들어도 깨지지 않는 안전한 것으로 선택해 주세요!

씨앗 단계부터 할 수 있어요!

1 소리가 다양한 주방 도구를
탐색해 봅니다.

2 주방 도구를 두드려 소리를
내어봅니다.

3 음악을 들으며 신나게
연주해 봅니다.

얼음 그림 그리기

얼음으로 알록달록 그림을 그려보아요.

우와~ 얼음이다!

준비물

파스넷(생략 가능), 색 얼음(또는 얼음), 도화지

**놀이
효과**

물에 쉽게 번지는 성질을 가진 파스넷을 사용하여 알록달록 그림을 그려보고, 그 위에 차가운 색 얼음(얼음으로 대체 가능)을 사용하여 피부로 느껴보고, 나타나는 색 번짐을 보며 색의 혼합을 살펴보는 등 다채로운 오감 자극이 이뤄질 수 있는 놀이입니다. 이처럼 씨앗 단계부터 흥미로운 재료를 활용한 놀이 경험을 통해 점차 미술 활동에 관심을 갖고 자발적으로 참여하고 즐길 수 있습니다.

**민주쌤's
놀이팁**

파스넷은 물을 사용하면 색이 번지는 효과가 있어서 물감을 사용하지 않아도 물감을 사용한 것처럼 활용할 수 있어요.
파스넷으로 그림을 그린 후 그 위에 물 붓으로 슥슥 문질러주기만 해도 색 번짐을 관찰할 수 있답니다. 또 아이스크림 틀을 사용하면 얼음을 손잡이로 잡을 수 있어 활동이 편리하답니다!

씨앗 단계부터 할 수 있어요!

1 파스넷으로 그림을 그려 봅니다.

2 아이스크림 틀에 얼린 색 얼음(또는 얼음)을 살펴 봅니다.

3 색 얼음(또는 얼음)으로 그림을 그려봅니다. 이때, 얼음이 살짝 녹아 종이 위에 물이 닿을 정도가 되면 색이 가장 선명하게 나타납니다.

구름 만들기

부드러운 휴지 구름을 만들어보아요.

준비물

OHP 필름, 양면테이프, 휴지

놀이 효과

손으로 휴지를 뭉쳐보고 찢어보면서 부드러운 촉감을 느껴볼 수 있습니다. 휴지는 얇고 날카롭지 않아 아이들이 쉽게 찢고 구기고 던져도 안전하게 탐색이 가능합니다. 그뿐만 아니라 구름을 만들어 하늘에 비춰보는 활동으로 확장하면서 점차 아이 주변의 자연환경에 관심을 가져보는 경험으로 북돋아줄 수 있습니다.

민주쌤'S 놀이팁

점차 주변 환경에 관심을 갖는 시기로, 구름뿐 아니라 아이의 흥미에 따라 토끼, 양, 솜사탕 등 다양한 주제로 놀이가 가능해요!

🦋 씨앗 단계부터 할 수 있어요!

부드러워요~

1 부드러운 휴지를 찢어보고 구기며 자유롭게 탐색해 봅니다.

2 OHP 필름에 양면테이프를 붙여 모양을 잡아주고 휴지를 뜯어 붙여봅니다.

3 창문 또는 하늘에 비춰 내가 만든 구름을 살펴 봅니다.

헤어롤 촉감놀이

까슬까슬~ 헤어롤 촉감을 느껴보아요.

나 어때요?

준비물

헤어롤, 솜공

**놀이
효과**

헤어롤을 이용하여 평소 잘 느끼지 못하는 꺼칠꺼칠한 촉감을 느껴볼 수 있습니다.
또한 손으로 만져보는 촉감놀이에서 끝나지 않고 옷, 머리카락, 수건 등에 붙여보
고 떼어내며 즐겁게 놀이할 수 있고, 소근육을 조절하는 경험도 함께 이뤄질 수 있
습니다. 이뿐만 아니라 헤어롤에 솜공을 붙여보면서 꺼칠꺼칠한 촉감과 상반된 부
드러운 촉감도 함께 느끼며 비교해 볼 수 있습니다.

**민주쌤's
놀이팁**

좋아하는 인형이나 이불, 양말 등 다양한 곳에 붙였다 떼었다 하면서 붙는 곳과
붙지 않는 곳도 비교해 볼 수 있어요!

씨앗 단계부터 할 수 있어요!

1 헤어롤을 만지며 꺼칠꺼칠한 촉감을 느껴봅니다.

2 옷, 머리에 붙여보고 떼어 봅니다.

3 헤어롤에 솜공을 붙여 봅니다.

과일 주스 만들기

과일을 잘라 주스를 만들어 맛보아요.

준비물

과일, 우유, 빵칼, 믹서기

놀이 효과

모방 행동을 즐기는 시기가 되면 엄마, 아빠가 요리하는 주방 일에도 굉장히 관심이 높아집니다. 주로 주방 놀잇감을 활용해 놀이를 즐길 수 있는데, 실제로 안전한 빵칼을 사용해서 직접 과일을 잘라보고 요리해서 먹는 과정을 통해 성취감을 느껴 볼 수 있습니다. 간단한 요리 활동은 시각 · 지각 자극뿐 아니라, 후각과 미각 자극까지 느끼게 해 주어서 굉장히 도움이 되는 놀이입니다.

민주쌤's 놀이팁

빵칼 사용이 어려운 시기의 아이는 딸기, 바나나, 귤 등을 손으로 직접 주무르고 으깨어 요리에 참여하며 촉감놀이도 즐길 수 있어요!
믹서기 사용 과정은 소리와 움직임, 물질의 변화를 관찰할 수 있지만 반드시 어른이 함께 참여하여 안전에 유의해야 합니다.

🦋 씨앗 단계부터 할 수 있어요!

1 요리 활동에 필요한 도구와 과일을 탐색해 봅니다.

2 과일을 빵칼로 잘라봅니다.

3 잘라놓은 과일과 우유를 믹서기를 활용하여 주스를 완성해 봅니다.

킁킁, 어떤 냄새가 날까

다양한 냄새를 탐색해 보아요.

이게 무슨 냄새지?

준비물

투명 커피 컵, 비닐(양파망 대체 가능), 고무줄,
향이 나는 재료(편백나무 큐브, 커피 빈, 은행 등), 이쑤시개

**놀이
효과**

감각 놀이 중 다른 감각 자극에 비해 후각을 자극하는 놀이 경험이 부족한 경우가
많습니다. 그러므로 아이의 후각을 자극해 줄 수 있는 놀이를 의도적으로 계획하고
제시해 줄 수 있어야 합니다. 투명한 플라스틱 컵을 활용하면 손으로 만지기 어려
운 내용물도 투명 컵 안에 넣어 눈으로 쉽게 관찰하고 냄새 맡아보며 뇌를 발달시
킬 수 있습니다.

**민주쌤's
놀이팁**

냄새를 맡을 수 있는 용기를 만들어 안에 들어가는 내용물만 주기적으로 교체해
주면서 놀이를 지속할 수 있어요!

씨앗 단계부터 할 수 있어요!

1 투명 컵에 향기 나는 재료들을 담고 입구 부분에 비닐(양파망 대체 가능)을 씌워 고무줄로 고정시킵니다.
이쑤시개를 활용하여 비닐에 구멍을 뚫어 냄새를 맡을 수 있도록 합니다.

2 뚜껑을 덮어준 후 투명 컵 속에 있는 여러 가지 재료들을 살펴봅니다.

3 빨대를 꽂는 부분에 코를 대고 킁킁~ 냄새를 맡아봅니다.

편백나무 큐브 놀이

편백나무 큐브를 활용해 놀이해 보아요.

내가 만든 방향제~
어디에 걸어둘까요?

 준비물

편백나무 큐브, 모래놀이 도구(숟가락 등 대체 가능), 방향제 망(생략 가능)

 놀이 효과

모래놀이 경험이 부족한 아이들을 위해 실내에서 할 수 있는 유사한 놀이로 편백나무 큐브를 제공할 수 있습니다. 숟가락이나 국자 등 도구를 활용해 담아보고, 쏟아보고, 옮겨보면서 도구 사용 능력(숟가락질 등)도 높여줄 수 있습니다. 특유의 편백나무 향을 맡으며 후각 자극까지 줄 수 있어 놀이를 통해 정서적인 안정감과 즐거움을 느낄 수 있습니다.

 민주쌤's 놀이팁

혹시 구강기 욕구가 강해 아직 입에 넣는 아이들은 반드시 어른이 함께 놀이에 참여해 주세요. 이 경우, 공갈 젖꼭지를 활용하는 것도 도움이 될 수 있어요!

씨앗 단계부터 할 수 있어요!

1 편백나무 큐브를 만지며 촉감을 느껴보고 향도 맡아 봅니다.

2 다양한 도구를 활용하여 편백나무 큐브를 퍼서 담고, 쏟으며 자유롭게 놀이를 즐겨봅니다.

3 큐브를 망에 넣어 편백나무 방향제를 만들어봅니다.

면봉 물감 찍기

면봉으로 물감을 찍어보아요.

 준비물

도화지, 물감, 면봉, 물감 팔레트(대체 가능)

놀이 효과

여러 가지 색의 물감을 면봉으로 콕콕 찍어 종이 위에 그려봅니다. 물감과 붓, 크레 용을 사용해 그림 그릴 때와 또 다른 경험으로 흥미를 끌 수 있습니다. 작은 면봉을 사용하여 엄지와 검지에 힘을 주고 손가락의 움직임을 조절하는 경험을 반복하면 서 소근육 발달을 도울 수 있습니다.

 민주쌤's 놀이팁

검정 도화지에 흰색 물감을 사용하는 등 도화지의 색을 달리해 주어 다양한 색깔 자극을 경험할 수 있어요!

씨앗 단계부터 할 수 있어요!

1 도화지에 자유롭게 그림을
그려봅니다.

2 면봉을 사용해 물감을 콕콕
찍어줍니다.

3 검정 도화지에 하얀색 물감을
콕콕 찍어 눈 오는 풍경을
완성해 봅니다.

신나게 춤춰요

음악을 듣고 자유롭게 신체 표현을 해 보아요.

아이 신나~ 😊

 준비물

나무젓가락, 리본 끈, 색깔 스카프

 놀이 효과

씨앗 단계 아이들은 특히 신체가 눈에 띄게 발달하고 변화하는 모습을 관찰할 수 있습니다. 기어 다니던 아이가 균형을 잡고 안정감 있게 걸어 다니고, 걸어 다니던 아이가 또 자유롭게 몸을 움직여 신체 활동에 참여할 수 있습니다. 놀이 과정에서 자연스럽게 음악을 듣고 느끼는 감정, 기분을 신체로 표현하며 다양한 움직임을 시도해 볼 수 있습니다. 또한 월령이 높아질수록 신체 활동에 대한 욕구나 체력도 강해지기에 에너지를 충분히 발산할 수 있는 동적인 활동이 필요합니다.

 민주쌤's 놀이팁

음악을 듣고 신체 활동을 하다 보면 아이가 쉽게 흥분할 수 있으므로 안전하게 활동할 수 있는 공간을 마련해 주면 좋아요.

씨앗 단계부터 할 수 있어요!

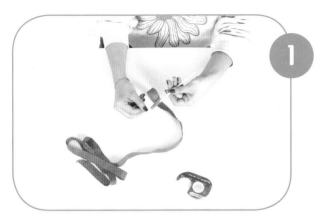

1 나무젓가락에 끈을 묶어 리본 막대를 만듭니다.

리본 막대를 흔들흔들~

2 좋아하는 노래를 들으며 리본 막대 춤을 춰봅니다.

3 색깔 스카프를 활용해서 느낌을 표현해 봅니다.

무지개 물고기

알록달록 무지개 물고기를 꾸며보아요.

말랑말랑하네~

 준비물

코인 티슈(또는 화장솜), 수성펜, 스포이트(또는 약병), 물

**놀이
효과**

여러 가지 색깔과 물체, 물질의 변화에도 관심을 갖는 시기로, 물감이나 천연 색소
로 알록달록 물들이며 변화 과정을 탐색해 볼 수 있는 놀이입니다. 코인 티슈는 물
을 흡수하면 모양이 변하고 딱딱했던 것이 말랑해지며 촉감도 변화하는 것을 느
낄 수 있습니다. 또한 코인 티슈 위에 그림을 먼저 그리고 물을 조금씩 떨어뜨리거
나 물감(또는 색소)을 섞어 색깔 물을 떨어뜨려 색이 번지는 모습도 관찰할 수 있
어 아이가 지속적으로 탐색할 수 있습니다.

 **민주쌤's
놀이팁**

《무지개 물고기》 그림책을 본 후 독후 연계 활동으로도 즐길 수 있어요. 코인 티슈가
없다면, 집에 있는 화장솜을 활용할 수 있어요. 화장솜도 물을 잘 흡수하기 때문에
색깔이 섞인 물을 약병 또는 스포이트에 담아 같은 방식으로 놀이할 수 있답니다!

🦋 씨앗 단계부터 할 수 있어요!

1 물고기 그림을 그리고
코인 티슈를 붙여줍니다.

2 코인 티슈 윗면에 알록달록
그림을 그리거나 색칠을 해
줍니다.

3 물이 담긴 스포이트 또는
약병으로 물을 떨어뜨리며
색과 코인 티슈의 변화를
살펴봅니다.

알록달록 썬캐쳐

셀로판지로 썬캐쳐를 만들어보아요.

 준비물
그림 도안(또는 도안용 색 테이프), 손코팅지, 셀로판지, 칼(또는 가위), 나무젓가락, 테이프(젓가락 고정용), 손전등(또는 휴대폰 조명)

 놀이 효과
투명한 셀로판지를 사용해 빛과 색을 경험할 수 있는 놀이입니다. 셀로판지 조각을 접착면에 붙이며 눈과 손을 협응해 볼 수 있고, 여러 가지 색을 붙이며 감각 자극도 받을 수 있습니다. 완성 후에는 창문이나 하늘에 비춰보거나 어두운 곳에서 손전등(휴대폰 조명)을 비춰 알록달록 색이 비치는 것을 관찰할 수 있습니다.

 민주쌤'S 놀이팁
그림 도안은 검색하여 쉽게 구할 수 있지만, 혹시 프린트가 어렵다면 종이에 굵은 선의 매직으로 그림을 그리거나 색 테이프를 활용해서 코팅지의 접착면에 붙여 모양을 잡아줄 수 있어요!

*셀로판지 조각을 입에 넣지 않도록 놀이 시 보호자가 함께 참여해 주세요!

씨앗 단계부터 할 수 있어요!

1 도안을 프린트했다면 테두리 안의 흰 부분을 칼(또는 가위)로 잘라낸 후, 손코팅지 접착면에 붙여줍니다. 혹시 도안이 없다면, 굵은 선의 매직으로 그림을 그리거나 색 테이프로 모양을 만들어줍니다.

2 도안의 모양을 따라 오려낸 후, 접착면에 셀로판지 조각을 붙여 자유롭게 꾸며줍니다.

3 완성한 썬캐쳐를 창문에 붙여 감상하거나, 나무젓가락을 붙여 그림자놀이를 즐겨봅니다.

예쁜 손을 꾸며요

매니큐어로 네일팁을 칠해 보아요.

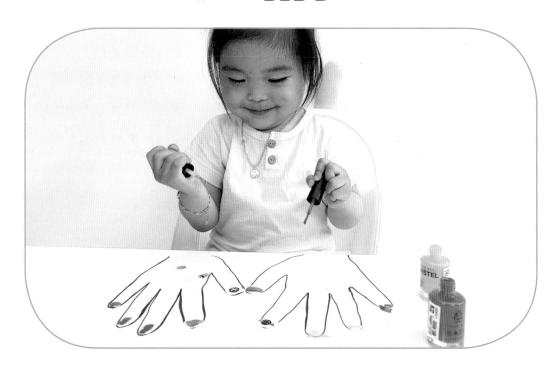

 네일팁, 매니큐어(유아용), 도화지, 네임펜, 스티커

 모방 행동을 즐기는 시기로, 엄마의 행동이나 아빠의 행동에 매우 관심이 많습니다. 따라서 평소 엄마가 하는 네일 케어를 놀이로 활용하면 굉장히 즐겁게 관심을 갖고 참여할 수 있습니다. 손톱 부분인 비교적 작은 면적에 붓으로 색칠을 시도하면서 소근육도 조절해 볼 수 있습니다.
또한 신체 부분에 관심을 갖는 시기로 손바닥과 손가락, 손톱의 모습도 더 자세히 살펴보고 인지할 수 있습니다.

 네일팁 부분에 스티커를 붙여 자유롭게 꾸미는 것으로 흥미를 더해 줄 수 있어요. 네일팁이 없다면 손톱 모양을 그려주고, 매니큐어를 대신해서 물감과 붓을 활용해도 괜찮아요!

새싹 단계부터 할 수 있어요!

1 종이에 손을 그려주고 손바닥, 손가락, 손톱 등 각 부분을 살펴봅니다.

2 네일팁이 붙어 있는 손톱 부분에 스티커를 붙여보거나 매니큐어를 발라봅니다.

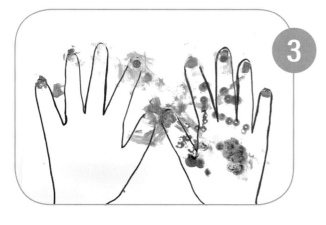

3 완성된 손의 모습을 감상해봅니다.

알록달록 목걸이

색 빨대를 끼워 만들어보아요.

내가 만들었어요!

 준비물

색 빨대, 끈, 안전 바늘(생략 가능)

 놀이 효과

한 손에는 끈의 끝을 고정으로 잡고 다른 한 손으로 빨대 구멍을 찾아 꿰어보는 활동은 눈과 손의 협응을 돕고 소근육을 조절해 주는 시지각(시각 · 지각) 발달*을 도와줄 수 있습니다. 끈을 활용할 때, 처음 시작점은 빨대 조각으로 묶어 고정해 줄 수 있습니다.

* 시지각 발달 : 눈을 통해 들어오는 정보를 지각하고 인식하는 것

 민주쌤's 놀이팁

아이 발달 정도에 따라 활동이 어렵게 느껴지면 흥미가 떨어질 수 있어요. 빨대의 길이나 실의 굵기, 견고한 정도에 따라서 난이도를 조절해 줄 수 있어요. 안전 바늘이나 끝이 단단한 운동화 끈이 있다면 활용할 수 있고, 없다면 끈의 끝에 테이프를 감아 빨대 조각이 쉽게 들어갈 수 있도록 만들어줄 수 있답니다!

새싹 단계부터 할 수 있어요!

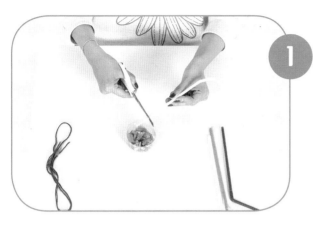

1 색 빨대를 다양한 크기로
잘라줍니다.

2 끈에 색 빨대를 꿰어봅니다.
이때, 끈의 끝부분에 안전
바늘을 묶어주거나 테이프를
감아 단단하게 고정시켜
줍니다.

3 목걸이를 완성해 목에 걸어
봅니다.

비밀 촉감 상자

상자 안의 촉감물을 맞춰보아요.

 준비물

비밀 상자, 촉감물(수세미, 고무장갑, 헤어롤, 털장갑 등)

놀이 효과

여러 가지 촉감을 느끼는 것으로 아이의 두뇌 발달을 도울 수 있는 촉감 수수께끼 놀이입니다. 이때 비밀 상자를 활용하면 사물을 눈으로 보고 인지하는 것이 아니라, 먼저 촉감으로만 탐색하고 느끼는 정보를 언어로 표현할 수 있습니다. 그 과정에서 아이의 상상력을 키워주고 동시에 언어 표현 능력도 촉진시켜 줄 수 있는 활동입니다.

 민주쌤'S 놀이팁

되도록 거칠한 것, 부드러운 것 등 다양한 촉감을 느낄 수 있는 촉감물을 넣어주면 좋아요.

새싹 단계부터 할 수 있어요!

1 상자에 다양한 촉감물을 넣고 손을 넣어 만지며 촉감을 느껴봅니다.

2 상자에서 꺼낸 사물의 촉감에 대해 이야기를 나누어봅니다.

3 비밀 상자 속 물건이 무엇인지 맞춰보는 수수께끼 놀이를 즐겨봅니다.

PART 3

오감발달놀이

반쪽 얼굴 그리기

반쪽 그림을 완성해 보아요.

 준비물

얼굴 사진, 도화지, 그리기 도구, 가위, 풀

 놀이 효과

사진을 보면서 경험이나 모습에 대해 이야기를 나누어볼 수 있습니다. 사진 속 자신의 모습 또는 가족, 사물, 풍경의 특징을 이야기해 보고, 사진을 반으로 잘라 도화지에 붙인 후 모양과 방향, 대칭을 맞춰 나머지 반쪽 그림을 그려볼 수 있습니다. 그림이 완성되면 아이가 함께 작품을 보면서 이야기 나누는 시간을 가지며 성취감을 느낄 수 있도록 하고 감상하는 과정을 즐겨볼 수 있습니다.

 민주쌤's 놀이팁

얼굴뿐 아니라 사물이나 풍경 사진도 활용할 수 있고, 사진 원본의 모습과 똑같이 그릴 수도 있지만 상상하여 그림 그리기도 가능해요!

열매 단계부터 할 수 있어요!

PART 3

1 원본 사진을 보며 특징에 대해 이야기를 나누어 봅니다.

오감발달놀이

2 사진을 반으로 잘라 도화지에 붙여줍니다.

3 반쪽 사진과 대칭하는 나머지 반쪽 모습을 상상하며 그려봅니다.

곡식, 식재료 그림 그리기

곡식, 식재료를 사용해 꾸며보아요.

 준비물

도화지, 곡식, 식재료, 목공풀

 **놀이
효과**

자아가 강해지며 점차 음식에 대한 호불호가 분명해지기 때문에 편식을 하는 아이들이 많은데, 미술 활동에 식재료를 사용하여 바른 식습관 형성을 도와줄 수 있습니다. 놀이 과정에서 여러 가지 곡식과 야채 등 식재료의 색과 향, 모양을 관찰해 보며 다양한 식재료에 친숙함을 느낄 수 있습니다. 이는 자연스럽게 아이의 식사 습관 교육과 이어지고 편식 개선에도 도움이 될 수 있습니다.

 **민주쌤's
놀이팁**

편식이 심한 아이는 평소 선호하지 않는 식재료를 놀이에 지속적으로 활용하면 식습관 개선에도 도움이 될 수 있어요!

열매 단계부터 할 수 있어요!

1 집에 있는 여러가지 곡식이나 식재료를 탐색해 봅니다.

2 도화지에 자유롭게 그림을 그리고 곡식, 식재료를 활용해 꾸며봅니다. 이때 꾸미고 싶은 부분에 목공풀을 바르고 식재료를 올리면 단단하게 고정시킬 수 있답니다.

3 완성된 그림을 보며 곡식, 식재료의 모양을 살펴 봅니다.

비밀 그림

어떤 그림이 숨어 있는지 살펴보아요.

준비물 키친타월, 물이 담긴 약병(또는 스포이트), 트레이, 네임펜

놀이 효과 흰 키친타월에 숨겨져 눈에 보이지 않던 글자나 그림이, 물을 떨어트리는 과정을 통해 점차 선명하게 드러남을 관찰해 볼 수 있는 놀이입니다. 아이는 색과 모양, 글자가 나타나는 모습을 관찰하며 놀이 원리에 대해 관심을 가지고 즐거움을 느끼며 다양한 방법으로 놀이를 시도해 볼 수 있습니다. 이는 아이의 창의력 발달에도 도움이 될 수 있습니다.

민주쌤's 놀이팁 한글이나 숫자, 영어 학습을 하는 경우 이 놀이를 통해 학습 과정을 즐기도록 할 수 있어요!

열매 단계부터 할 수 있어요!

1 키친타월의 반쪽 면에 네임펜으로 글자 또는 그림을 자유롭게 그려봅니다.

2 키친타월을 반으로 접어 그림이 보이지 않게 합니다.

3 물이 담긴 약병(또는 스포이트)에서 물을 떨어뜨려 나타나는 그림을 살펴봅니다.

수정 테이프 그림 그리기

검정 도화지에 흰색 그림을 그려보아요.

준비물

수정 테이프(흰색 마커펜, 수정 펜 등 대체 가능), 검정 도화지

**놀이
효과**

평소 주로 사용하는 하얀 종이가 아닌 검정 도화지에 그림을 그리는 것으로 아이에게 미술 활동에 대한 흥미를 북돋아줄 수 있습니다. 또한 크레용을 대신하여 수정 테이프나 액체 수정 펜을 사용하면서 조금 더 정교하게 소근육을 조절해 볼 수 있도록 합니다. 어두운 밤, 하얀 눈이 내리는 풍경의 장면이 있는 그림책이나 그림카드를 활용하여 놀이를 연계 또는 확장시킬 수 있습니다.

**민주쌤's
놀이팁**

수정 테이프가 잘 작동되지 않거나 아이가 조절하는 게 어렵다면 흰색 마커펜이나 액체 수정 펜을 사용할 수 있어요!

열매 단계부터 할 수 있어요!

1 검정 도화지에 그리고 싶은 그림을 검은색 네임펜으로 그려봅니다. 다만, ❶ 놀이 과정을 생략하고 ❷로 바로 시작해도 무관합니다.

2 흰색이 나타나는 수정 테이프와 수정 펜, 흰색 마커펜 등을 사용하여 그림을 그려 봅니다.

3 완성된 작품을 감상하며 자신의 작품을 소개하는 시간을 가져봅니다.

센서리백 만들기

말랑말랑 촉감을 느껴보아요.

 준비물

도화지, 매직, 물풀(대체 가능), 지퍼백,
솜공(단추, 스팽글, 색 모래 등 자유롭게 선택 가능)

**놀이
효과**

열매 단계 아이들은 다양한 촉감을 느껴보는 것에서 한 단계 더 나아가 스스로 촉
감물을 만들어볼 수 있습니다. 좋아하는 색과 모양, 촉감물을 자유롭게 활용하여 센
서리백을 만들 수 있도록 해 보세요. 여러 가지 미술 재료를 사용해 보는 경험을 쌓
고 동시에 말랑말랑하게 완성된 촉감물을 만지며 스트레스를 해소할 수 있습니다.

**민주쌤's
놀이팁**

두꺼운 종이를 활용하면 훨씬 견고하게 만들 수 있어요. 종이의 모양과 지퍼백 안
에 꾸미는 도구는 아이 흥미에 따라 자유롭게 활용할 수 있답니다!

열매 단계부터 할 수 있어요!

1 도화지를 접어 한쪽 면의 중앙을 마음에 드는 모양으로 자유롭게 잘라내고, 다른 한쪽 면은 색칠하여 꾸며줍니다.

2 종이 크기보다 작은 지퍼백에 물풀, 단추, 솜공, 색 모래 등 좋아하는 재료를 넣어줍니다.

말랑~

말랑~

3 반으로 접히는 카드 사이에 지퍼백을 넣고 종이 앞, 뒷면을 붙여 고정한 후 촉감을 느껴봅니다.

양말 인형 만들기

나만의 인형을 만들어보아요.

내가 만든 인형!

양말, 고무줄, 솜, 글루건,
꾸미기 재료(매직, 털실, 솜공, 색 단추, 집게, 눈알 스티커 등)

인형은 아이에게 안정감을 줄 수 있는 좋은 도구입니다. 놀이 과정을 통해 아이는 직접 만든 인형에 애착을 느낄 수 있고, 부드러운 양말과 솜을 활용하여 만드는 과정을 통해 정서적 안정감도 느낄 수 있습니다.
인형 만들기 활동 전, 어떤 인형을 만들지 구상해 보거나 그림으로 표현해 본다면 훨씬 활동의 범위, 놀이성을 넓혀줄 수 있습니다. 단, 좋아하는 색이나 무늬의 양말을 고르도록 하되 고무줄로 모양을 잡는 것은 어려울 수 있으므로 도움이 필요합니다.

글루건 사용은 화상의 위험이 있으므로 아이에게 맡기지 않고 반드시 보호자가 사용해 주세요!

열매 단계부터 할 수 있어요!

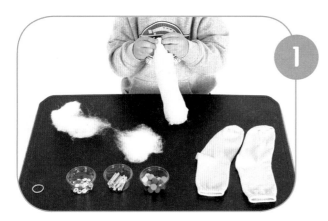

1 양말 안에 솜을 가득 넣어
봅니다.

2 여러 가지 꾸미기 재료를
활용하여 자유롭게 양말
인형을 꾸며봅니다.

3 완성된 인형의 촉감을 느껴
봅니다. 또 내가 만든 인형을
활용하며 역할놀이를 즐겨봅
니다.

보글보글 거품 그림

색깔 거품으로 그림을 그려보아요.

준비물

투명 커피 컵, 세제, 물감(또는 천연 색소), 빨대, 도화지, 트레이(생략 가능)

놀이 효과

빨대에 입을 대고 '후~' 하고 불 때, 거품이 부풀어 오르는 것을 눈으로 관찰할 수가 있어서 아이에게 매우 흥미를 북돋아줄 수 있는 놀이입니다. 선명하게 관찰해 볼 수 있도록 하얀색 거품보다는 색 거품을 사용하는 것이 좋습니다. 또한 도화지에 넘쳐흐른 색 거품으로 그림을 그려볼 수 있기도 합니다. 부드러운 거품을 눈으로 보고 손으로 만지는 과정을 통해 촉각과 시각 · 지각 자극을 함께 느끼도록 도울 수 있습니다.

민주쌤's 놀이팁

거품을 내기 위해 사용하는 것이 세제이므로 빨대에 입을 대고 흡입하지 않도록 주의하세요!

열매 단계부터 할 수 있어요!

1 세제를 섞은 물에 물감(천연 색소)을 넣고 휘저어줍니다.

2 도화지를 깔고 그 위에 투명 컵을 두고 빨대를 사용해서 '후~' 불어봅니다.

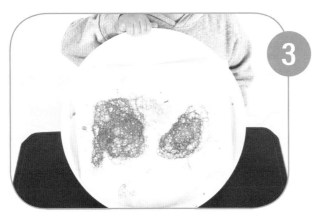

3 보글보글 거품으로 그린 그림을 살펴봅니다.

인지발달 놀이

인지발달 놀이

인지발달이라고 하면 보통 학습과 가장 먼저 연결을 짓게 되는데 아이가 태어나는 순간부터 감각을 통해 주변 환경을 탐색하고, 일상에서 다양한 놀이를 경험하며 인지 능력이 발달해 갈 수 있습니다. 생후 6개월만 되더라도 단순한 인과 관계를 파악할 수 있게 되고 점차 의도적으로 어떤 행동을 반복하여 결과를 얻어내기도 합니다.

대표적으로 돌 전후가 되면, 물건을 떨어뜨리거나 던지는 행동을 많이 하게 됩니다. 이때, 부모가 아이의 발달을 이해하지 못한다면 공격 행동으로 오해하고 훈육을 하는데 사실은 물리적인 힘을 가했을 때 변화되는 현상, 즉 물건을 던지면 아래로 떨어진다는 원리에 호기심을 갖고 하는 행동입니다.

그러면 훈육 대신 던질 수 있는 놀잇감을 충분히 제공하고, 블록을 쌓는 것보다는 쌓여 있는 블록을 밀쳐서 무너뜨리는 과정을 즐기도록 놀이 기회를 충분히 주어야 합니다. 이처럼 아이 발달 수준에 맞게 놀이를 통해 호기심에 대한 욕구를 충족시켜 주고, 연령이 높아짐에 따라 탐구 능력도 좀 더 키워줄 수 있어야 합니다.

단계별로 이렇게 놀아주세요!

씨앗 단계

이제 막 신체를 자유롭게 조절하는 시기로, 가만히 앉아서 집중하는 시간보다는 활발하게 움직이며 주변을 탐색하는 모습이 훨씬 많이 관찰됩니다. 이때, 부모는 아이의 집중력이 짧은 것은 아닐까 걱정할 수 있지만, 전혀 문제 되지 않습니다. 일상생활 속에서 아이가 탐색할 수 있는 안전한 환경을 마련해 주고, 그 안에서 보다 자유롭게 아이 스스로 탐색 과정을 즐기도록 허용해 주세요. 단, 아직은 아무거나 입에 넣을 수 있고 위험한 것을 인지하지 못하기 때문에 안전하게 탐색할 수 있도록 환경을 조절하는 것은 부모의 역할입니다.

새싹 단계

자칫, 새싹 단계가 되면 무언가 가르치려는 시도를 하게 되지만 무엇보다 아이 스스로 '즐거움'을 느낄 수 있는 경험이 중요합니다. 이 시기 가장 중요한 것은 말을 배우고, 안정적인 애착 형성을 통해 정서적으로 안정감을 느낄 수 있도록 하는 것입니다. 그러므로 무언가 가르치기 위해 서두르기보다는 아이의 흥미를 잘 관찰하여 좋아하는 동·식물, 좋아하는 색깔, 좋아하는 관심사에 초점을 두고 놀이와 연결시켜 주면 좋습니다. 더불어 관찰력과 모방 능력이 향상되는 시기이므로 놀이 시 모델링이 되어주는 것만으로도 아이의 흥미를 자극할 수 있습니다.

열매 단계

열매 단계는 궁금한 것도 많고 하고 싶은 것도 많은 시기입니다. 아이의 호기심은 곧 놀이로 연결시켜 줄 수 있습니다. "왜요?"라고 물어볼 때 해답을 주기보다는 해답을 찾아가는 과정을 아이와 함께해 주세요. 이 과정이 반복되면 궁금한 것이 생겼을 때 책을 찾아보거나 정보를 검색해 보거나 직접 실험해 보는 등 스스로 해답을 찾아가는 시도를 할 수 있게 됩니다. 또한, 인지가 발달하면서 수, 크기, 길이, 공간, 실험 등 수·과학적 개념과 관련한 놀이 경험이 필요합니다. 놀이 전에 먼저 결과를 예측해 보거나 구상해 보는 과정 또한 인지발달을 도울 수 있습니다.

거미가 줄을 타고

거미줄에 거미를 붙여보아요.

우와~ 거미줄이다!

 준비물

색 테이프, 양면테이프, 솜공, 거미 또는 곤충 스티커(생략 가능)

놀이 효과

그림책에서 보았던 거미줄이나 '거미가 줄을 타고 올라갑니다♬' 노래를 듣고 따라 불러본 거미줄을 놀이로 연계할 수 있습니다. 실제로 관찰하지는 못했지만, 책과 노래로 접하여 친근한 곤충에 관심을 가져볼 수 있습니다.
또한 크고 작은 솜공과 스티커 등을 색 테이프로 만든 거미줄에 붙여보면서 눈과 손의 협응력을 키우는 데 도움이 될 수 있습니다.

민주쌤's 놀이팁

거미줄을 바닥에 붙이고 선을 따라 걸어보거나, 넓은 공간을 활용하여 줄 사이로 건너가는 신체 활동도 즐길 수 있어요!

거미가 줄을 타고
올라갑니다 ♬

1 그림책을 통해 거미와 거미
줄을 탐색해 봅니다.

2 색 테이프로 거미줄을 만들어
줍니다. 사진처럼 트레이 윗
부분에 붙여도 좋고, 바닥에
붙여도 괜찮습니다.

3 거미줄에 양면테이프를 붙여
준 후, 크고 작은 솜공이나
거미 및 곤충 스티커를 붙여
봅니다.

PART 4

인지발달놀이

수박씨를 붙여라

수박에 수박씨를 붙여보아요.

하나~ 둘~

수박씨가 쏙쏙

준비물

두꺼운 종이, 매직, 까슬이, 솜공(대체 가능)

놀이 효과

수박(과일)의 겉모습뿐 아니라 수박(과일)의 속 모습에도 관심을 갖고, 각각 수만큼 씨를 붙여보는 놀이를 통해 자연스럽게 수와 수량에 관심을 가질 수 있습니다. 씨앗 단계에서는 까슬이가 있는 곳에 수박씨 솜공을 붙여보는 정도로 진행하지만, 연령이 높아질수록 수와 수량에 관심을 가지며 수학적인 탐구 활동이 가능합니다!

민주쌤's 놀이팁

수박 외 다른 과일이나 야채로도 활동이 가능해요. 아이가 즐겁게 관심 가질 수 있는 것으로 진행해 보세요!

🦋 씨앗 단계부터 할 수 있어요!

1 두꺼운 종이에 수박 조각 모양의 그림을 그려 잘라 줍니다. 각각의 수박 조각에는 숫자를 써주고 수만큼 까슬이를 붙여줍니다.

2 (수만큼) 까슬이에 솜공을 붙여봅니다.

다섯 개!

3 하나, 둘, 셋! 솜공의 개수를 세어봅니다.

알록달록 짝 짓기

자연물 색깔을 찾아보아요.

노랑!

준비물

종이, 크레용, 여러 가지 색의 자연물, 테이프

놀이 효과

점차 다양한 색에 흥미를 보이며 색을 구분하거나 분류하는 활동이 가능합니다. 아이가 관심을 가지는 여러 가지 색을 각각 칠해 보고, 주변에서 찾을 수 있는 자연물의 색깔과 비교해 볼 수 있습니다. 또한 실외에서 자연물을 찾아보며 자연스럽게 주변 환경이나 자연에 관심을 가지는 기회가 될 수 있습니다.

민주쌤's 놀이팁

자연물을 찾아서 제공할 수도 있지만, 되도록 실외에서 아이들이 직접 자연물을 찾아 집으로 가져와서 놀이로 연계되도록 해 보세요. 더욱 흥미를 자극하고 놀이성을 키워줄 수 있답니다!

🦋 씨앗 단계부터 할 수 있어요!

1 여러 가지 색을 칠해 보면서 색을 구별해 봅니다(이때, 간단하게 아이에게 색의 이름을 들려주는 것도 좋아요! "빨강이네~", "노란색이네~" 등).

2 실외에서 가져온 여러 가지 색의 자연물을 탐색해 봅니다.

3 같은 색 자연물을 찾아 붙여봅니다.

얼음 안에 뭐가 있을까?

얼음을 녹이거나 깨보아요.

앗, 차가워!

딱딱하구나!

준비물

얼음 틀, 물, 나무망치, 솜공(작은 장난감으로 대체 가능)

놀이
효과

씨앗 단계 아이는 얼음의 딱딱하고 차가운 느낌을 느끼고 얼음을 두드리며 힘을 조절해 보는 놀이가 가능합니다. 그리고 연령이 높아질수록 물이 얼음이 되고, 얼음이 다시 녹아서 물이 되는 변화 과정에도 관심을 가져볼 수 있습니다.
이 시기, 도구를 활용한 놀이는 소근육 발달을 돕고 이는 식사 시간에 숟가락, 포크 등 도구 사용에도 도움이 될 수 있습니다.

민주쌤'S
놀이팁

솜공 대신 작은 장난감이나 과일, 젤리 등 아이가 좋아하는 것을 활용해서 놀이할 수도 있어요!
단, 나무망치가 너무 무거우면 아이가 활동하기 어려우므로 가벼운 도구를 사용하게 해 주세요.

🦋 씨앗 단계부터 할 수 있어요!

1 얼음 틀 안에 물과 솜공 (대체 가능)을 넣고 꽁꽁 얼려줍니다.

2 딱딱하고 차가운 얼음의 촉감을 느껴봅니다.

PART 4

인지발달놀이

3 망치로 두드리거나 녹여서 얼음 안에 든 솜공을 꺼내어 봅니다.

드라이아이스 거품 놀이

드라이아이스 실험을 해 보아요.

후우~

준비물

드라이아이스, 투명 컵, 세제 물, 숟가락(대체 가능), 식용 색소(생략 가능)

놀이 효과

드라이아이스가 물과 만나 승화되는 현상을 관찰하며 간단한 과학 실험을 경험해 볼 수 있는 놀이입니다. 연기나 거품이 생겨나는 현상을 눈으로 관찰하고 직접 만져볼 수 있어서 아이들의 호기심을 자극할 수 있고, 연기와 거품을 활용한 촉감과 모양 탐색 놀이를 즐기며 창의력 발달에도 도움이 될 수 있습니다. 점차 연령이 높아지면서 고체가 기체로 승화되는 과정을 관찰하면서 과학적 탐구 과정을 즐길 수 있습니다.

민주쌤's 놀이팁

드라이아이스의 흰 연기는 응결된 수증기로 안전하게 탐색할 수 있습니다.
단, 고체 형태의 드라이아이스가 손에 직접 닿는 것은 위험할 수 있으므로 반드시 어른이 함께 놀이에 참여해 주세요!

새싹 단계부터 할 수 있어요!

연기다!

1 투명 컵에 물, 식용 색소
(생략 가능)를 넣고 섞어준
후 드라이아이스를 넣어
줍니다. 이때, 하얗게 발생
하는 연기를 자유롭게
탐색해 봅니다.

이번에는
거품이잖아~!

2 주방 세제를 추가로 넣어주
고 보글보글 거품을
탐색해 봅니다.

3 숟가락이나 국자 등 도구를
사용해서 거품을 떠보는 등
자유롭게 놀이를 즐겨봅니다.

우유 그림 그리기

우유 마블링을 만들어보아요.

신기하다~

준비물

트레이(넓은 접시 등 대체 가능), 우유, 천연 색소(물감 대체 가능), 스포이트(약병 대체 가능), 면봉, 주방 세제

놀이 효과

여러 가지 색과 색의 혼합에 관심을 보이는 시기에 호기심을 자극할 수 있는 놀이입니다. 우유 위에 색 물감이나 색소를 떨어트려 다양한 모양으로 색이 번지는 모습을 관찰할 수 있습니다. 연령이 높아지면 단순히 색의 혼합이 아닌, 우유와 주방 세제를 활용한 '표면장력'에 대해 실험/관찰해 볼 수 있고 그 원리를 이용해 무지개 등 멋진 작품을 만들어볼 수 있습니다.

민주쌤's 놀이팁

색 물감으로도 가능하지만, 천연 색소에 물을 조금 섞어 활용할 경우 색이 훨씬 선명하게 나타날 수 있어요!

새싹 단계부터 할 수 있어요!

1 물과 천연 색소(물감)를 섞어 여러 가지 색을 관찰해 봅니다.

2 트레이에 우유를 붓고, 스포이트(약병)로 색깔 물을 우유 위에 톡톡 떨어뜨려 봅니다.

3 알록달록 섞인 색깔 표면에 주방 세제를 묻힌 면봉을 콕 찍어 물감이 퍼져나가는 모습을 관찰해 봅니다.

손가락 링 끼우기

수만큼 링을 걸어보아요.

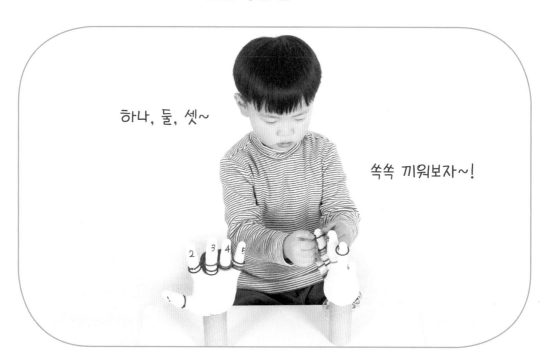

하나, 둘, 셋~

쏙쏙 끼워보자~!

 준비물

손가락장갑, 솜, 링

 **놀이
효과**

아직 수에 대한 개념이 없다면, 장갑의 손가락에 링을 끼워보는 정도로도 충분히
눈과 손의 협응과 소근육 발달을 돕는 놀이를 경험할 수 있습니다. 연령이 높아지
면서 수에 관심을 가지기 시작하거나 수량을 인지하고 있다면 숫자와 링의 수량
을 일대일로 대응해 보면서 본격적으로 수 놀이를 시도해 볼 수 있습니다.

 **민주쌤's
놀이팁**

장갑 안에 솜을 가득 채워야 손가락이 힘 있게 잘 펴져서 아이가 링을 끼우며 놀
이하기 수월하답니다!

새싹 단계부터 할 수 있어요!

1 장갑에 솜을 가득 채워줍니다.

2 손가락 끝부분에 숫자를 써줍니다(숫자를 모르는 아이라면 동그라미 반지처럼 개수를 표시해 줄 수 있어요).

인지발달놀이

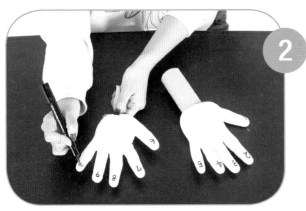

3 손가락의 숫자만큼 링을 끼워봅니다.

자동차 굴리기

경사로에서 굴려보아요.

데굴데굴 굴러가요~

준비물

두꺼운 종이(박스 등), 장난감 자동차

놀이 효과

경사로에서 자동차를 굴려보며 기울기에 따라 달라지는 자동차의 속도를 인식할 수 있는 놀이입니다. 혹시, 아이가 둥근 형태가 아닌 다른 물체를 굴려보고 싶어 한다면 직접 굴려보고 형태에 따라 굴러가는 것과 굴러가지 않는 것을 구분함으로써 인지 능력을 길러줄 수 있습니다. 또한 자동차 위치를 잘 조절하여 굴리며 대소근육 발달을 도울 수 있습니다.

민주쌤'S 놀이팁

꼭 자동차가 아니더라도 아이가 좋아하는 구슬, 블록 등을 활용해 굴려볼 수 있어요!

새싹 단계부터 할 수 있어요!

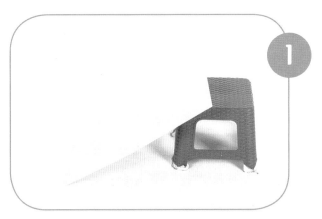

1 두꺼운 종이(박스 등)를 세워 경사로를 만들어봅니다.

2 경사로에 자동차를 굴려보고 움직이는 모습을 관찰해 봅니다.

3 경사를 높여 자동차를 굴려 보고 속도의 차이를 살펴 보기도 합니다.

다리가 몇 개

동물 다리 수만큼 집게를 꽂아보아요.

하나~ 둘~

다양한 동물 사진/그림, 집게, 가위

동물의 사진이나 그림을 살펴보며 각각 동물마다 다리의 개수와 모습이 다름을 인지할 수 있고, 동물의 모습을 탐색하는 과정에서 다양한 동물의 특성에 관심을 가져볼 수 있습니다. 동물의 다리 수만큼 집게를 꽂으며 자연스럽게 수에 대한 경험도 할 수 있습니다.
이때, 동물 캐릭터보다는 실제 동물의 사진이나 그림을 활용하면 좋습니다. 연령이 높아지면 아이가 그린 동물 그림에 집게를 활용하여 놀이를 즐겨볼 수도 있습니다.

동물에 관심을 보이는 시기에 자연스럽게 수 놀이를 유도할 수 있어요. 되도록 아이가 좋아하는 동물을 활용하면 좋아요!

1 다양한 동물 사진/그림을 보며 동물의 특징에 대해 이야기 나누어보고, 다리 부분을 잘라냅니다.

2 닭은 2개, 토끼는 4개 등 동물의 다리 수만큼 집게를 꽂아 완성해 봅니다.

3 집게를 꽂아 다리가 완성된 동물을 살펴보고 집게의 수를 함께 세어봅니다.

PART 4

인지발달놀이

내 뚜껑 찾기

용기에 맞는 뚜껑을 찾아요.

알맞은 뚜껑 여기 있다!

 준비물

뚜껑 있는 여러 가지 모양과 크기의 용기

 놀이 효과

집에 있는 밀폐 용기를 활용해 즐길 수 있는 짝 맞추기 놀이입니다. 용기와 뚜껑을 분리하여 섞은 뒤 아이가 스스로 짝을 찾아 닫아보도록 하는데, 이때 용기의 모양과 크기가 서로 맞는 뚜껑을 찾으며 시각 자극과 인지발달을 도울 수 있습니다. 더불어 용기와 뚜껑의 입구를 맞춰 손에 힘을 주어 닫아보는 과정에서 소근육 조절도 경험할 수 있습니다.

 민주쌤's 놀이팁

크기뿐 아니라 모양도 다양한 용기로 제공하면 여러 가지 모양을 서로 비교해 보고 인지할 수 있어요!

새싹 단계부터 할 수 있어요!

1 집에 있는 다양한 크기와
모양의 용기를 살펴봅니다.

2 용기의 뚜껑을 모두 열어
섞어줍니다.

3 용기에 맞는 뚜껑 짝을 찾아
닫아봅니다.

비춰라! 얍!

불빛에 비친 내 그림을 감상해요.

 준비물

휴지심, 네임펜(유성), 넓은 투명 테이프(또는 투명 시트지),
손전등(휴대폰 조명도 가능)

놀이 효과

아이가 스스로 그린 그림을 어두운 곳에서 빛과 그림자를 통해 살펴볼 수 있는 놀이입니다. 어둠 속에서 내가 그린 그림과 선명한 색을 감상할 수 있어서 아이들이 굉장히 흥미로워 합니다. 이때 내가 그린 그림이 빛의 방향과 위치에 따라 모양이나 크기가 달라짐을 비교해 볼 수 있습니다. 또한, 빛과 그림자의 변화를 관찰하면서 과학적 호기심을 키워갈 수 있습니다.

 민주쌤's 놀이팁

휴지심 1개를 사용할 수도 있지만, 여러 개를 붙여서 큰 그림을 그려보거나 스토리를 만들어볼 수도 있어요. 또한, 휴지심 구멍의 면적이 넓은 것으로 활용하면 그림 그리기가 훨씬 수월하답니다!

새싹 단계부터 할 수 있어요!

1 휴지심에 넓은 투명 테이프
(또는 투명 시트지)를 붙여줍
니다.

2 매끈한 테이프 면에 네임펜
(유성)으로 그림을 그려봅니다.

3 어두운 장소에서 불빛을
비춰 나타나는 그림자
그림을 감상해 봅니다.

요리조리 데구루루

구슬을 굴려 미로를 통과해 보아요.

앗, 구슬아 어디가!

준비물

단단한 상자 뚜껑, 빨대, 구슬, 테이프, 가위

**놀이
효과**

아이의 호기심과 흥미를 자극할 수 있는 주제이면서 공간의 앞, 뒤, 옆 등 방향에 대한 경험을 할 수 있습니다. 이뿐만 아니라 움직이는 구슬을 눈으로 쫓으며 시각 발달 자극과 상자를 움직이며 방향을 전환하는 과정에서 손을 미세하게 조절해 보면서 미세 운동 기술 등의 발달을 도울 수 있습니다. 더불어 구슬의 모양에 따라 데굴데굴 굴러가는 물체 및 도형의 기본적인 특성을 이해할 수 있습니다.

**민주쌤's
놀이팁**

연령이 높다면, 빨대로 미로를 만들기 전에 어떤 미로를 만들지 그림을 그려서 미리 구상한 후에 구성해 볼 수 있어요!

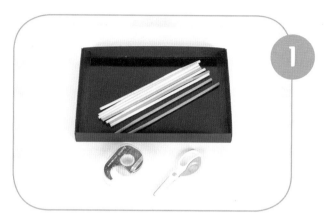

1 단단한 상자 뚜껑, 테이프,
빨대, 가위 등을 준비합니다.

2 빨대를 여러 가지 길이로
잘라 두꺼운 상자에 붙여
미로를 만들어봅니다.

PART 4

인지 발달놀이

3 미로를 따라 구슬을
요리조리 굴려봅니다.

메모리 게임

같은 그림을 찾아보아요.

준비물

물티슈 캡 12개, 같은 그림 2장씩 총 6쌍, 글루건

놀이 효과

물티슈 캡 속에 숨어 있는 많은 그림 중에서 같은 그림을 찾아보는 메모리 게임은 시지각(시각·지각) 발달*을 돕는 데 도움이 될 수 있습니다. 좀 더 구체적으로는 이전에 보았던 그림의 위치와 모습을 기억하고 회상하며 해결하는 과정을 통해 시각 기억을 발달시킬 수 있습니다.

*시지각 발달 : 눈을 통해 들어오는 정보를 지각하고 인식하는 것

민주쌤'S 놀이팁

물티슈 캡이 없다면, 두꺼운 종이를 사용해도 좋아요. 그림의 주제를 아이가 좋아하는 관심사로 활용하면 훨씬 흥미를 갖고 즐겁게 참여할 수 있어요!

새싹 단계부터 할 수 있어요!

1 같은 그림 2장씩(6쌍), 총 12장의 그림을 두고 그 위에 물티슈 캡 12개를 붙여 줍니다.

2 물티슈 캡을 열어보며 여러 동물의 그림이 어디에 있는지 찾아봅니다.

인지발달놀이

3 같은 그림을 찾는 메모리 게임을 즐겨봅니다.

내 몸은 어떻게 생겼을까

큰 종이에 내 몸을 그려보아요.

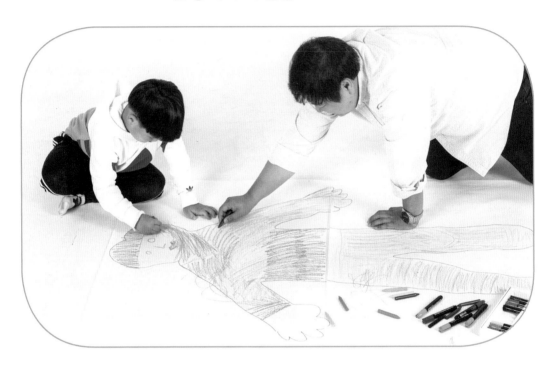

 준비물

전지, 매직(크레용 대체 가능)

 놀이 효과

넓은 전지에 자신의 몸을 따라 그려보고, 그려진 몸의 모양을 살펴보며 내 몸의 신체 각 부분에 관심을 가질 수 있습니다. 여러 가지 방법으로 신체를 움직여 포즈를 취해 보는 등 창의적으로 표현해 볼 수 있습니다. 또한 엄마, 아빠와 함께 놀이를 즐기며 유대감과 애착을 강화할 수 있고, 다른 사람의 몸을 그려보고 살펴보는 과정을 통해 나와 다른 사람의 신체 길이, 크기 등의 차이도 비교해 볼 수 있습니다.

 민주쌤's 놀이팁

연령이 높아지면서 눈에 보이는 겉모습 외에도 우리 몸속에 있는 뼈와 신체 기관(심장, 폐, 간 등)을 그림으로 그려볼 수 있어요!

새싹 단계부터 할 수 있어요!

1 전지를 아이의 키만큼 연결하여 바닥에 붙여 줍니다.

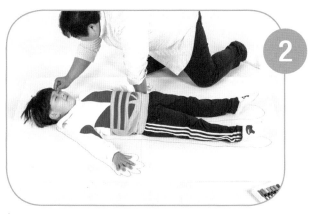

2 전지 위에 아이를 눕히고 매직(크레용)으로 몸을 따라 그려줍니다.

인지발달놀이

3 완성된 몸의 그림 안에 눈, 코, 입, 머리카락 등의 신체 부분을 그리고 꾸며봅니다. 입고 있는 옷 또는 신체 기관 을 그려보는 것도 좋습니다.

자석 자동차 경주

자석으로 자동차를 밀어 경주해 보아요.

내가 먼저 가야지!

자동차 장난감 2개, 막대자석 4개, 고무줄

막대자석을 사용해 자동차 경주 게임을 하면서 자석의 원리를 감각적으로 느껴볼 수 있는 놀이입니다. 자연스럽게 자석의 특성을 알아가며 과학적 탐구 과정에 참여할 수 있습니다. 또한 자석의 같은 극끼리 밀어내는 성질을 이용해 자동차를 앞으로 움직여보고, 자석이 밀어낼 수 있는 일정한 거리를 유지하도록 조절하면서 소근육 발달을 도울 수 있습니다.

자동차가 너무 무거울 경우 작은 자석으로 움직이기 어려울 수 있으므로 자석의 크기와 자동차의 크기, 무게를 잘 조절해 주세요!

새싹 단계부터 할 수 있어요!

1 자동차 장난감에 자석을 고무줄로 감아 고정해 줍니다.

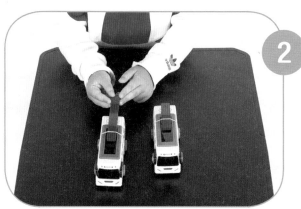

2 자동차를 세워두고 막대 자석을 대어 자동차를 밀어 봅니다.

인지발달놀이

3 자동차를 나란히 두고 상대방과 자석 자동차 경주 게임을 해 보기도 합니다.

내 맘대로 입체 도형

입체 도형을 만들어보아요.

이번에는 어떤 모양이 될까?

준비물

이쑤시개, 점토(클레이)

놀이 효과

놀이 과정에서 선과 선이 만나고 기본 도형을 조합하여 입체 도형을 만들 수 있음을 인지할 수 있습니다. 평소 생활 속에서 쉽게 볼 수 있는 ○, △, □ 기본 도형과 평면과 입체를 자유롭게 구성해 보면서 공간 지각 능력을 향상시켜 줄 수 있고, 여러 가지 도형의 특성을 이해하는 과정에 도움을 줄 수 있습니다.

민주쌤's 놀이팁

직접 만들어 보기 전, 먼저 평면 도형을 만들어보거나 블록이나 종이 등을 활용하여 입체를 만들어보는 경험부터 시작해도 도움이 될 수 있답니다!

열매 단계부터 할 수 있어요!

1 그림에서 다양한 평면과 입체 도형의 모양을 살펴봅니다. 이때, 블록이나 종이 상자 등 실물 자료를 활용하면 아이가 이해하는 데 더욱 도움이 될 수 있습니다.

2 동그랗게 뭉친 점토에 이쑤시개를 꽂아 연결해 봅니다.

3 여러 가지 방법으로 연결하여 평면 도형과 입체 도형을 완성해 봅니다.

과자 상자 퍼즐 맞추기

내가 좋아하는 과자 상자로 퍼즐 놀이해요.

여기에 맞는 조각인가?

준비물

과자 상자, 가위

**놀이
효과**

아이에게 익숙한 과자 상자를 조각내보고, 다시 원래 모습으로 조각을 맞추어보
는 활동은 시지각(시각 · 지각) 발달*을 도울 수 있습니다. 또한 아이 스스로 정해
지지 않은 방식으로 자유롭게 과자 상자를 조각내어 퍼즐을 만드는 것은 활동에
대한 동기 부여가 될 수 있습니다.

*시지각 발달 : 눈을 통해 들어오는 정보를 지각하고 인식하는 것

**민주쌤's
놀이팁**

아이 발달 수준에 따라 과자 상자 조각의 수를 조절해 주세요. 더불어 두꺼운 종이
에 아이가 그림을 직접 그리고 조각내어 퍼즐 놀이를 즐겨볼 수도 있답니다!

열매 단계부터 할 수 있어요!

1 좋아하는 과자 상자를
가위로 잘라봅니다.

2 알맞은 조각을 찾아 퍼즐
맞추기를 해 봅니다.

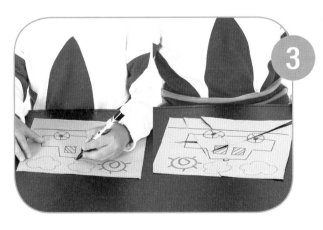

3 과자 상자 뒷면에 자유롭게
그림을 그리고 오려 퍼즐
놀이를 즐겨볼 수도 있습니다.

상자 안에 상자

큰 상자 안에 작은 상자를 넣어보아요.

작으니까 들어가겠지?

준비물

크기가 다른 상자 여러 개

놀이 효과

눈으로 보이는 상자의 부피와 크기를 비교해 볼 수 있고, 큰 상자 안에 작은 상자를 순서대로 넣어주거나 쌓아보면서 크고 작음을 인식할 수 있는 놀이입니다. 또한 크기가 다른 상자의 뚜껑을 열고 닫고, 또 상자 안에 다른 상자를 넣어보면서 눈과 손의 협응력도 향상시킬 수 있습니다.

민주쌤's 놀이팁

크기를 비교하기 위해서는 되도록 모양이 유사한 상자로 준비해 주는 것이 좋아요!

열매 단계부터 할 수 있어요!

1 상자를 크기 순서대로
나열해 봅니다.

2 큰 상자 위에 작은 상자를
차례로 쌓아봅니다.

인지발달놀이

3 큰 상자 안에 작은 상자를
넣어봅니다.

모양 나라

나만의 모양을 만들어요.

큰 도로를 만들어야지!

준비물

막대(하드 바), 종이, 네임펜, 가위

**놀이
효과**

일자형 막대를 사용하여 여러 가지 모양을 구성할 수 있고, 막대를 움직여 다양한 방법으로 변화시켜 도형의 기본 속성을 탐색하는 놀이입니다. 모양을 만들어보기 전에 먼저 만들고 싶은 모양을 구상하여 그려본 후, 그림으로 그린 모양을 따라서 실제 막대를 사용해 구성하는 과정은 아이의 창의력을 증진시키고 모양 변별력을 키워줄 수 있습니다.

**민주쌤's
놀이팁**

기본적인 도형에도 크게 관심을 보이지 않는 아이라면 좋아하는 스티커, 스팽글 등을 활용하여 하드 바 꾸미기 활동을 함께해도 좋고, 일자형 막대가 없다면 색연필이나 크레용을 활용할 수 있답니다!

열매 단계부터 할 수 있어요!

1 만들고 싶은 모양을 먼저 그림으로 그려봅니다.

2 내가 그린 그림을 따라 막대로 모양을 만들어 봅니다.

인지발달놀이

3 막대를 연결해 자유롭게 구성해 볼 수 있습니다.

두루마리 휴지 키 재기

내 키는 휴지 몇 칸일까?

 준비물

두루마리 휴지

 놀이 효과

아이 주변에서 쉽게 접할 수 있는 간단한 도구인 '휴지'를 활용해서 길이를 측정해 보거나 휴지 칸을 세어보며 수량을 경험하고 수학적 탐구 능력을 키워줄 수 있습니다. 가족이 놀이에 함께 참여하면서 가족 구성원의 신체 모습에 관심을 갖고, 나와 견주어 보는 과정에서 누가 더 크고 작은지 비교할 수 있습니다. 또한, 놀이 과정에서 즐거움을 느끼며 화목하게 지내는 경험을 할 수 있습니다.

 민주쌤's 놀이팁

꼭 휴지가 아니더라도 길이만큼 색연필이나 빨대를 나열하는 등 여러 가지 물건을 활용할 수 있어요!

🌰 열매 단계부터 할 수 있어요!

1 서 있는 아이의 키만큼 휴지를 돌돌 풀어 뜯어봅니다.

2 아빠(가족)의 키만큼 휴지를 돌돌 풀고 난 후 뜯어봅니다.

3 아이와 아빠(가족)의 키만큼 풀어낸 휴지를 나란히 두고, 누구의 것이 칸 수가 더 많은지 비교해 봅니다.

인지발달놀이

달력 만들기

이번 달엔 뭐 할까?

이번 달에 있는 내 생일♥

 준비물

달력, 종이, 네임펜, 스티커

 놀이 효과

달력을 활용한 놀이는 월(月), 일(日), 요일까지 관심을 가질 수 있습니다. 1년 365일, 1개월 약 30일, 1주일 7일 이렇게 가르치기보다는 해당 달, 또는 의미 있는 달을 골라 달력을 만들어보고 특별한 날을 직접 표시하고 꾸며보면서 관심을 유도하는 것이 훨씬 도움이 될 수 있습니다.

 민주쌤'S 놀이팁

놀이할 때는 탁상 달력이나 커다란 달력을 앞에 두고 숫자를 따라 쓰게 하면서 달력에 대한 이해를 도울 수 있어요. 또한, 아이가 완성한 달력은 눈에 보이는 곳에 붙여 오늘의 날짜를 확인할 수 있도록 해 주세요!

열매 단계부터 할 수 있어요!

1 달력을 탐색하며 날짜(숫자)와 요일을 살펴봅니다.

2 간단한 달력 틀을 그려주면, 아이가 실제 달력을 참고해 숫자를 써서 달력을 완성해 봅니다.

3 달력에 좋아하는 그림을 그려 꾸며보고, 특별한 날을 찾아 ○ 표시를 하거나 스티커를 붙여봅니다.

붙어라! 얍!

붙는 것과 붙지 않는 것을 분류해 보아요.

 준비물

여러 가지 물건, 자석

 놀이 효과

아이가 찾아온 물건을 하나씩 자석에 대어보면서 자석에 붙는 것과 붙지 않는 것이 있음을 경험할 수 있는 놀이입니다. 자석에 붙을 것 같은 물체나 그렇지 않은 것을 찾아 분류해 보는 간단한 실험 과정을 통해 아이는 궁금한 점을 스스로 해결하고 알아가는 과정에서 문제해결 능력도 키워줄 수 있습니다. 또한 자신의 생각과 결과가 맞았을 때 성취감을 느끼며 자기주도적인 놀이가 지속될 수 있습니다.

 민주쌤'S 놀이팁

자석이 없다면 집에 있는 자석 칠판이나 냉장고에 붙여보는 것으로 대체할 수 있어요!

열매 단계부터 할 수 있어요!

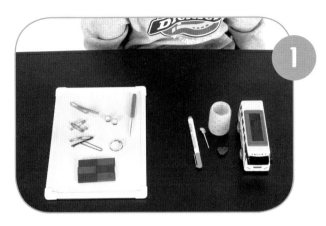

1 자석에 붙여보고 싶은 물건들을 찾아보고, 붙을 것 같은 물건과 그렇지 않은 것을 분류해 봅니다.

2 직접 자석에 물건을 붙여보며 실험해 봅니다(냉장고 또는 자석 칠판으로 자석을 대체할 수 있습니다).

인지발달놀이

3 실험을 마무리하며 자석에 붙는 것과 붙지 않는 것을 나누어보고, 실험 전에 예상했던 것과 비교하며 이야기 나누어봅니다.

숫자를 찾아라

같은 모양의 수를 찾아보아요.

5! 같은 거 찾았어요!

준비물

달걀판, 페트병 뚜껑(달걀판 구멍의 수만큼)

놀이 효과

수 세기가 어려운 아이는 수량을 세어보는 것보다는 숫자의 모양을 그림처럼 인지하고 같은 모양의 수를 찾아보는 것으로 시도해 볼 수 있습니다. 또한 1~30까지의 숫자가 적힌 뚜껑에서 같은 숫자 모양을 찾아 일대일로 대응해 보며, 수 개념을 익힘과 동시에 집중력 증진을 도와줄 수 있습니다.

민주쌤's 놀이팁

1~30까지의 숫자가 많아 집중하기 어렵다면, 1~10으로 설정하고 달걀판을 10구짜리로 조절할 수 있어요!

열매 단계부터 할 수 있어요!

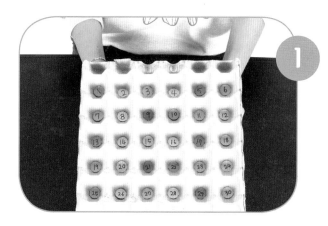

1 달걀판에 1~30까지의 숫자를 표시해 봅니다. 이때, 원형 스티커에 숫자를 적고 붙여주면 아이의 눈에 숫자가 더 잘 들어올 수 있습니다.

2 페트병 뚜껑의 윗면에 ❶과 마찬가지로 숫자를 표시해 봅니다.

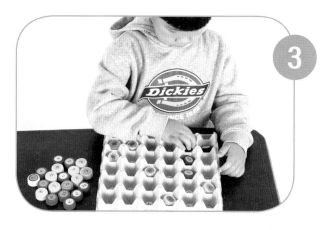

3 같은 수를 찾아 페트병 뚜껑을 달걀판에 쏙 넣어줍니다.

수만큼 꽂아라

주사위 게임을 즐겨보아요.

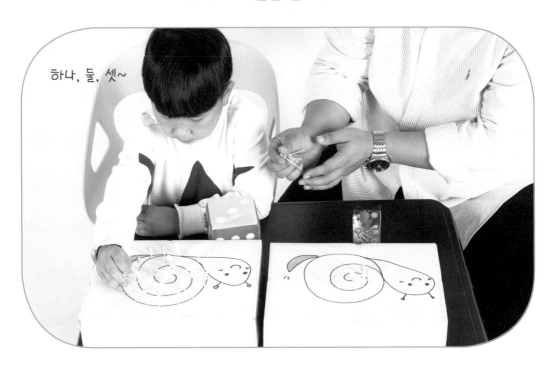

하나, 둘, 셋~

 준비물 주사위, 이쑤시개(대체 가능), 상자 2개, 송곳, 매직

놀이 효과 주사위를 던져 나온 수만큼 이쑤시개를 상자 구멍에 꽂아보면서 자연스럽게 주사위의 동그라미 개수와 1~6까지의 숫자를 대응해 볼 수 있습니다.
더불어 다른 사람과 함께 주사위 게임을 즐기며 유대감과 친밀감 형성에 도움이 될 수 있고, 간단한 규칙을 접하고 자기 차례를 기다려보는 경험도 할 수 있습니다.

민주쌤's 놀이팁 그림은 아이가 좋아하는 것으로 그려줄 수 있고, 이기고 지는 결과보다는 과정을 즐길 수 있게 해 주세요. 아이의 흥미를 살펴보고 아이가 아쉬워한다면, 이쑤시개 30개를 꽂은 후 다시 주사위 수만큼 이쑤시개를 빼는, 왕복으로 게임을 진행할 수 있어요!

열매 단계부터 할 수 있어요!

1 박스에 달팽이 그림(좋아하는 다른 그림으로 대체 가능)을 그리고 송곳으로 구멍 30개를 뚫어줍니다.

2 주사위를 던져 나온 수만큼 이쑤시개를 꽂아봅니다. 이때, 과일꽂이용 이쑤시개를 활용하면 아이 손에 닿는 윗부분이 뾰족하지 않아서 안전합니다.

3 먼저 30개를 꽂은 사람이 승리합니다.

병뚜껑 숫자 맞추기

주사위를 던져 나온 수에 병뚜껑을 튕겨 넣어요.

준비물

주사위, 병뚜껑, 종이, 매직

놀이
효과

출발점에 병뚜껑을 놓고 주사위를 던져서 나온 수에 해당하는 숫자가 쓰인 그림에 병뚜껑을 튕겨서 골인해 보는 놀이입니다. 주사위에 표시된 수량과 숫자를 일대일로 대응해 보면서 수를 인식할 수 있습니다. 또한 엄지와 검지를 사용해 거리에 따라 힘을 조절하여 병뚜껑을 튕겨보면서 소근육 발달을 도울 수 있습니다.

민주쌤's
놀이팁

아이의 소근육 발달 정도에 따라 숫자가 쓰인 그림의 위치나 크기를 조절해 줄 수 있어요!

열매 단계부터 할 수 있어요!

1 주사위 각 면에 있는 점의 개수를 세어봅니다.

2 1~6까지 숫자가 쓰인 게임판에서 주사위 점의 수량에 해당하는 숫자를 찾아봅니다.

3 병뚜껑을 출발점에 놓고, 주사위를 던져 나온 수에 해당하는 칸을 향해 병뚜껑을 튕겨 골인시켜 봅니다.

옷걸이 저울 놀이

무게를 재어보아요.

어떤 것이 더 무거울까?

 준비물

옷걸이, 실, 집게, 무게 잴 물건

 놀이 효과

눈에 보이지 않는 추상적인 '무게'의 개념을 옷걸이가 기울어지는 모습을 눈으로 직접 관찰하면서 '무겁다', '가볍다' 무게에 대한 인지를 할 수 있습니다. 다양한 물건의 무게를 비교해 보는 놀이를 통해 기초적인 측정을 경험하며 수학적 탐구 과정을 즐길 수 있습니다.

 민주쌤's 놀이팁

무게를 정확하게 비교하기 위해서는 실이 묶인 위치를 확인하여 중심이 맞는지 체크 후 측정해 주세요!

열매 단계부터 할 수 있어요!

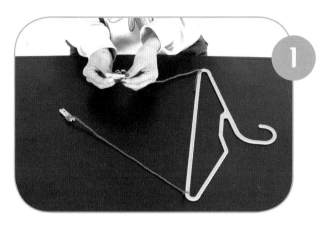

1 옷걸이 양옆에 같은 길이의 실을 묶어주고, 실 끝부분에는 물건을 집을 수 있는 집게를 묶어줍니다. 이때, 옷걸이 고리 부분에 실을 하나 더 묶어주면 더욱 정확하게 측정해볼 수 있습니다.

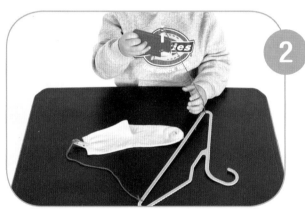

2 양쪽의 집게에 무게를 측정할 물건을 집어 고정시켜 봅니다.

3 옷걸이가 기울어지는 모습을 관찰하며 어떤 물건이 더 무겁고, 가벼운지 비교해 볼 수 있습니다.

들숨, 날숨

들숨, 날숨을 비교해 보아요.

후우~ 커져라~!

준비물	종이컵 2개, 위생 장갑, 빨대, 송곳
놀이 효과	씨앗 단계에서 자신의 신체에 관심을 갖기 시작하고, 새싹 단계에서 눈에 보이는 나와 타인의 모습에 관심을 가졌다면, 열매 단계에서는 눈에 보이지 않는 몸속 여러 기관과 기관의 특성에 관심을 가져보고 과학적인 탐구를 시도할 수 있습니다. 따라서 간단한 도구를 활용해 폐, 심장, 뼈, 근육, 소화 과정 등 각 기관의 특성을 이해하는 놀이를 시도해 볼 수 있습니다.
민주쌤'S 놀이팁	공기 또는 호흡, 폐 등 신체 관련 과학 그림책을 보고 연계하여 놀이하면 훨씬 도움이 될 수 있어요!

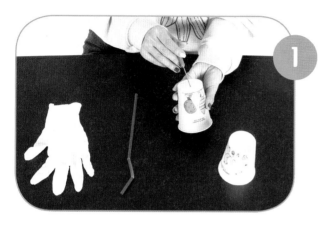

열매 단계부터 할 수 있어요!

1 종이컵 2개의 아래쪽에 구멍을 뚫어줍니다.

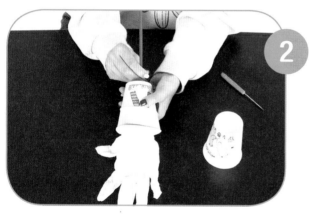

2 종이컵의 입구 부분에 위생 장갑을 끼우고 아랫부분에는 빨대를 끼워줍니다. 빨대를 불었을 때 위생 장갑이 빠지지 않도록 그 위에 종이컵 하나를 겹쳐줍니다.

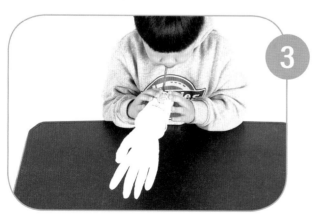

3 빨대를 물고 들숨, 날숨을 쉴 때 장갑이 커지고 작아지는 모습을 관찰해 봅니다.

별자리 만들기

별자리를 탐색해 보아요.

내 별자리예요!

준비물

별자리 그림, 별 스티커, 검정 도화지, OHP 필름(투명 필름),
흰색 펜(수정 펜 등)

*OHP 필름(투명 필름)이 없다면 흰 종이에 여러 색깔의 별 스티커와 펜 활용 가능!

**놀이
효과**

실제 별자리 도안을 보면서 각 별자리의 형태나 크기, 방향이 다름을 관찰할 수
있습니다. 도안에 있는 별자리 중에 마음에 드는 별자리를 골라 똑같이 따라 그려
보면서 아이의 공간 지각 능력을 키워줄 수 있습니다.

**민주쌤's
놀이팁**

내 생일에 맞는 별자리를 찾아보거나 도안에 있는 별자리가 아니더라도 '나만의
별자리'를 만들어보며 창의적인 활동을 시도할 수 있어요. 또한 야광 펜이나 야광
클레이를 활용하여 아이의 흥미를 더욱 높여줄 수 있답니다.

1 별자리 도안을 보면서
다양한 별자리의 모양을
탐색해 봅니다.

2 만들고 싶은 별자리 모양
대로 투명 필름에 스티커를
붙이고 펜으로 연결해 봅니다.

3 검정 도화지에 투명 필름을
대어 내가 만든 별자리를
자세히 살펴봅니다. 이때,
검정 도화지와 투명 필름
대신 흰 종이를 사용했다면
그대로 살펴볼 수 있습니다.

PART 4

인지발달놀이

주스가 움직여!

주스가 이동해 가는 모습을 살펴보아요.

주스가 이동한다!

준비물

투명 컵 2개, 오렌지 주스, 키친타월

놀이 효과

키친타월이 액체를 흡수하여 이동하는 원리를 활용하는 놀이입니다. 가득 담겨 있는 주스가 빈 컵으로 이동하는 것을 관찰하며 아이의 호기심을 자극하고 관찰력과 사고력 등 과학적 인지발달을 촉진할 수 있습니다.

민주쌤's 놀이팁

주스 대신 물감이나 천연 색소를 물과 혼합하여 활용해도 좋아요. 키친타월을 타고 이동하는 액체의 움직임을 살펴볼 수 있고, 컵의 개수를 늘려 더 연결하면 여러 가지 색의 혼합도 관찰할 수 있답니다!

열매 단계부터 할 수 있어요!

1 투명 컵 한쪽에 오렌지 주스를 채워봅니다.

2 키친타월을 돌돌 말아 컵 양쪽으로 담아 연결해 봅니다.

3 오렌지 주스가 키친타월을 타고 다른 컵으로 이동하는 모습을 관찰해 봅니다.

뜰까? 안 뜰까?

물에 뜨는 것과 뜨지 않는 것을 분류해 보아요.

이건 물에 뜰까?

가라앉을까?

여러 가지 물건, 넓은 통, 물

물에 뜨는 것과 뜨지 않는 것을 실험을 통해 관찰함으로써 부력에 대해 관심을 가질 수 있습니다. 실험 전에 아이가 물에 뜨는 것과 뜨지 않는 물건을 스스로 예상해서 분류하는 과정은 과학적 탐구 능력을 키워줄 수 있고, 실험 과정을 거쳐 사전에 예상했던 것과 결과를 비교해 보면서 사고력과 문제해결력을 발달시킬 수 있습니다.

물을 사용하면서 놀이하기가 버거울 때는 목욕 시간에 욕조에서 즐겨볼 수 있어요!

열매 단계부터 할 수 있어요!

1 집에서 물에 뜰 것 같은
물건들을 찾아서 모아봅니다.

2 물에 뜰 것 같은 물건과 가라
앉을 것 같은 물건을 분류해
봅니다.

3 물이 담긴 넓은 통에 물건을
넣어 물에 뜨는지, 가라앉는지
실험해 봅니다.

다음은 어떤 모양일까?

규칙과 패턴을 찾아보아요.

재미있는 패턴 만들기 완성!

 준비물

규칙판, 병뚜껑(또는 나무집게), 매직, 동그라미 스티커(생략 가능)

놀이 효과

일정한 방식으로 나열된 모양의 규칙과 패턴을 찾아보면서 반복되는 패턴을 유추하고 규칙성을 인식할 수 있는 놀이입니다. 또한 패턴의 규칙성을 인지한 후, 다음에 나타날 수 있는 모양을 예상해 보며 아이의 사고력을 증진시켜 줄 수 있습니다.

 민주쌤'S 놀이팁

정해진 패턴의 규칙에 따라 정답을 찾는 것도 좋지만, 아이 스스로 규칙성을 만들어보는 과정 또한 수학적 탐구 능력 및 주도성을 키워줄 수 있어요!

열매 단계부터 할 수 있어요!

1 일정한 규칙이 있는 여러 가지 모양의 패턴을 그려 규칙판을 만들어봅니다.

2 병뚜껑에는 빈 곳에 들어가는 알맞은 모양을 그려 섞어줍니다.

인지발달놀이

3 패턴을 살펴보고 빈 곳에 들어갈 알맞은 모양의 병뚜껑을 찾아 놓아봅니다.

가나다라~

마바사~

언어발달 놀이

언어발달 놀이

언어발달은 말하기, 듣기, 읽기, 쓰기로 구분할 수 있습니다. 다른 사람의 말을 듣고 이해하는 것을 '수용언어'라고 하고, 나의 생각이나 의사를 몸짓말(baby sign) 또는 말로 표현하는 것을 '표현언어'라고 합니다.

아기가 태어나면 울음으로 자기표현을 하다가 점차 옹알이로 형태가 바뀌고, 두 돌 전후쯤 말이 트이기 시작합니다. 살아가면서 '언어'는 타인과 소통하고 '나'의 생각과 의사를 표현할 수 있는 수단이기 때문에 무엇보다 중요합니다. 단순히 말하기, 듣기가 아니라 다른 사람의 이야기를 듣고 의미를 이해하는 능력과 자기 생각을 조리 있게 표현할 수 있는 능력을 키워주어야 합니다.

하지만 읽기, 쓰기 능력을 학습과 연결 지어 가르치려는 태도로 접근하는 경우가 대부분입니다. 여기서 중요한 점은 아이가 쓰기 도구를 활용해 끼적이고 싶어 하는 것은 '본능'입니다. 그래서 글자를 가르치려 애쓰지 않아도 아이는 일상이나 놀이를 통해 익숙하게 접하는 글자에 관심을 두고, 발달 과정에서 스스로 호기심을 가지고 알고 싶어 하는 순간이 반드시 옵니다. 부모는 이 시기에 학습에 대한 거부감이 생기지 않고, 놀이를 통해 즐겁게 언어를 배워갈 수 있도록 놀이 경험을 제공해 주어야 합니다.

단계별로 이렇게 놀아주세요!

씨앗 단계

언어폭발기가 오기 전으로, 아직 타인의 말을 완전하게 이해하는 능력이나 말하기 능력이 부족한 단계입니다. 그래서 이 시기에는 부모의 역할이 중요합니다. 일상이나 놀이 과정에서 아이에게 표현하는 말은 '쉽고 간단한 문장'을 사용해야 합니다. 아이의 옹알이에 적극적으로 반응해 주어 소리 내는 즐거움을 느낄 수 있도록 하고, 아직 말이 어려우니 몸짓말을 알려주어 소통하는 방법을 습득할 수 있도록 해야 합니다. 또한, 쓰기 도구에 점차 관심을 가지며 끼적이는 활동을 즐길 수 있도록 환경 구성이 필요합니다.

새싹 단계

이제 타인의 말을 듣고 이해하는 수용언어가 완벽하게 가능합니다. 다만 아직 표현하는 언어는 어려울 수 있으므로 의성어, 의태어를 사용한 재미있는 말놀이나 모방어를 즐길 수 있도록 해야 합니다. 또한 열매 단계쯤 한글에 관심을 가지는 시기가 오기 전, 글자를 쓸 때 필요한 소근육 힘을 길러줄 수 있도록 쓰기 도구를 활용하여 끼적이는 활동을 많이 경험시켜 주는 것이 좋습니다. 한글을 아는 시기는 아니지만, 일상에서 즐겁게 기본적인 도형이나 글자로 놀이를 즐길 수 있습니다. 단, 학습의 형태가 되지 않도록 주의해야 합니다.

열매 단계

본격적으로 말하기, 듣기, 읽기, 쓰기 능력이 향상하는 시기입니다. 어떤 영역의 놀이를 하더라도 타인과 대화를 통해 의사소통 능력을 키워줄 수 있습니다. 또한, 한글에도 관심을 갖기 시작하면서 글자를 읽고, 쓰는 것에 즐거움을 느낄 수 있습니다.
영유아 시기는 우뇌가 왕성하게 발달하는 시기로 한글도 이미지나 패턴의 형태로 받아들입니다. 그리고 만 6세 이후에 점차 좌뇌의 발달이 활발해지면 드디어 한글도 논리적으로 자음과 모음이 결합하는 소리 문자로 이해가 가능해집니다. 이때, 주입식 한글 학습을 시도하여 언어 놀이 자체에 거부감이 생기지 않도록 해야 합니다.

글자 낚시놀이

글자 카드를 잡아보아요.

비행기야 잡혀라!

준비물

글자(그림) 카드, 클립, 자석 낚싯대

놀이 효과

씨앗 단계 아이들은 글자는 모르지만, 쓰기 도구를 활용해 종이 위에 끼적이기를 시도해 볼 수 있으며 세로선, 가로선, 동그란 모양 등 여러 가지 형태의 기본적인 끼적이기를 경험할 수 있습니다.

글자, 그림 카드를 탐색하며 사물에는 각각의 명칭이 있다는 것을 알고 글자의 모양에도 관심을 가질 수 있습니다. 또한 낚싯대와 글자 및 그림 카드를 활용해 낚시놀이를 즐기며 눈과 손의 협응과 소근육 발달을 도울 수 있습니다.

민주쌤's 놀이팁

낚시놀이가 어려운 아이들에게는 발달 정도에 맞게 줄의 길이를 조절해 줄 수 있어요. 줄이 짧을수록 조절이 쉬우므로 난이도를 잘 조절해 주세요. 또한 글자(그림) 카드 대신 종이에 글자를 써주고 아이가 직접 끼적여보도록 활용할 수도 있답니다!

씨앗 단계부터 할 수 있어요!

1 여러 가지 글자와 그림이 있는 카드를 자유롭게 탐색해 봅니다. 이때, 아이에게 사물의 이름을 소리 내어 이야기해 주며 사물 인지를 도울 수 있습니다.

2 글자가 쓰인 그림 종이에 클립을 꽂아줍니다.

3 자석 낚싯대로 낚시놀이를 즐겨봅니다.

언어 발달 놀이

알록달록 숨은 글자

물감 도장 안에 숨은 글자를 찾아보아요.

쏘옥 떼어볼까요?

준비물

마스킹 테이프, 도화지, 물감, 스펀지

**놀이
효과**

만 6세 전의 아이들은 우뇌 발달이 활발한 시기로 사진이나 그림처럼 이미지와 패턴을 통해 한글을 접하는 것이 좋습니다. 즉, 자음과 모음의 조합이 아닌 익숙하게 접하는 통글자를 놀이에 적용해 줄 수 있어야 합니다. 즐겁게 물감 찍기, 두드리기를 한 후 마스킹 테이프를 떼어냈을 때 나오는 글자 모양에 관심을 가질 수 있는 놀이입니다.

**민주쌤's
놀이팁**

테이프로 글자를 만들어줄 때에는 글자를 모르더라도, 아이에게 최대한 익숙한 단어를 제공해 주세요. 또한, 테이프를 떼어낼 때도 가능한 한 아이가 시도해 볼 수 있도록 하면 훨씬 더 흥미를 북돋아줄 수 있답니다!

🐰 씨앗 단계부터 할 수 있어요!

1 도화지 위에 아이에게 친숙한 글자를 마스킹 테이프로 붙여 줍니다. 이때, 잘 떨어질 수 있도록 마스킹 테이프를 두 겹으로 붙이는 것도 좋습니다.

2 스펀지에 물감을 묻혀 콕콕 찍어서 꾸며봅니다.

3 마스킹 테이프를 떼어낸 후 나타나는 글자의 모양을 살펴봅니다.

PART 5

언어 발달 놀이

물 그림 그리기

물 그림을 그려보아요.

동글동글 그림을 그려보아요~

물, 물 담을 통, 붓, 신문지

무엇이든 입으로 가져가는 구강기, 손에 힘이 없는 연령의 아이라도 도구를 사용해 충분히 할 수 있는 끼적이기 놀이입니다. 물감 대신 물을 사용하고 신문지, 박스, 실외 바닥 위에 물 그림을 그려볼 수 있습니다. 놀이 과정에서 물의 촉감을 느껴볼 수 있고 물의 양에 따라 다르게 표현되는 번짐과 진하기 등을 살펴볼 수 있습니다. 또한 시간이 지나면서 물이 증발하여 옅어지는 과정까지 흥미롭게 경험해 볼 수 있습니다.

날씨가 좋은 날, 물통과 붓만 챙겨 나가면 실외 어디서든 즐겁게 할 수 있고, 그림 외 글자 놀이도 가능해요!

씨앗 단계부터 할 수 있어요!

1 물에 붓을 충분히 참방참방 적셔줍니다.

2 물이 묻은 붓으로 신문지에 자유롭게 그려봅니다. 이때 신문지뿐만 아니라 박스 등 다양한 질감의 종이를 제공해 주는 것도 아이 놀이 촉진에 도움이 됩니다.

3 실외로 이동하여 마른 바닥에 물 그림을 그려봅니다.

언어 발달 놀이

그림책을 쌓아라!

책과 친해져 보아요.

높이높이 쌓았어요~!

준비물

같은 크기의 책 여러 권

놀이
효과

씨앗 단계의 아이는 아직 그림책 내용에 관심을 갖거나 읽어주는 이야기에 집중하는 시간이 짧습니다. 그래서 책을 활용한 놀이를 통해 책에 대한 친숙함을 느낄 수 있고, 책도 즐거운 놀잇감 중 하나라는 인식을 할 수 있습니다. 이 과정은 이후 자연스럽게 그림책 속 이야기에도 흥미를 느낄 수 있도록 도와주는 첫 단계입니다.

민주쌤's
놀이팁

놀이 시 책의 모서리가 날카로운지 확인하고 책을 던지는 등의 위험한 행동은 제지해 줄 수 있도록 하여 안전하게 즐겨주세요!

씨앗 단계부터 할 수 있어요!

1 같은 크기의 그림책을
   요리조리 살펴봅니다.

2 그림책을 세워 도미노처럼
   나열해 봅니다.

3 다양한 방법으로 그림책을
   높이높이 쌓고 무너뜨려
   봅니다.

검은 쌀 글자 쓰기

검은 쌀 사이로 끼적여보아요.

| 준비물 | 트레이, 검은 쌀, 붓 |

| 놀이 효과 | 아직 소근육에 힘이 없어 쓰기 활동이 어려운 아이도 손가락이나 붓을 사용해 즐겁게 할 수 있는 놀이입니다. 검은 쌀 사이로 슥슥~ 가볍게 스쳐도 닿는 부분에 명확하게 선이 드러나기 때문에 더 관심과 흥미를 보일 수 있습니다. |

놀이 효과

아직 소근육에 힘이 없어 쓰기 활동이 어려운 아이도 손가락이나 붓을 사용해 즐겁게 할 수 있는 놀이입니다. 검은 쌀 사이로 슥슥~ 가볍게 스쳐도 닿는 부분에 명확하게 선이 드러나기 때문에 더 관심과 흥미를 보일 수 있습니다.
감각 자극이 중요한 시기에 검은 쌀을 사용해서 촉감을 느껴보고 흰색과 검은색의 색 대비로 눈에 띄는 모양이 시각 자극을 도울 수 있습니다. 또한 트레이를 흔들어 촤르르~ 나는 쌀의 소리에 청각 자극까지 도울 수 있습니다.

민주쌤's 놀이팁

본격적으로 글자, 숫자에 관심을 갖기 시작하는 열매 단계 아이들도 즐겁게 놀이할 수 있어요!

🐰 씨앗 단계부터 할 수 있어요!

1 트레이에 검은 쌀을 넣고 흔들어 평평하게 만들어 봅니다.

2 검은 쌀 위에 손가락으로 그림을 그리며 촉감을 느껴 봅니다.

3 붓을 사용해 자유롭게 그림을 그려봅니다. 이때, 글자를 아는 아이는 글자를 써볼 수도 있습니다.

스티커를 붙여라!

글자를 따라 스티커를 붙여보아요.

글자 따라 붙여야지~

 준비물

글자가 쓰여 있는 종이, 스티커

 놀이 효과

새싹 단계 아이는 아직 글자를 모를 수 있지만, 놀이를 통해 익숙한 낱말을 자주 자주 노출하고 즐거운 놀이를 경험하면서 글자에 관심을 갖도록 도와줄 수 있습니다. 친숙한 낱말의 글자 모양을 따라 쓰거나 스탬프를 찍어보거나 스티커를 붙이며 선과 모양을 찾아보면서 글자를 탐색해 볼 수 있습니다.

 민주쌤's 놀이팁

테두리가 있는 글자를 프린트해 주면 더 수월하게 활동할 수 있어요. 스티커를 붙이기 전에 글자 모양을 따라 써보는 과정을 추가해도 좋아요. 스티커는 글자에 맞게 붙이지 않더라도 글자 모양을 보면서 자유롭게 놀이를 지속할 수 있도록 제지하거나 지시하지 말고 격려해 주세요!

1 종이에 쓰인 글자 모양을
살펴봅니다.

2 글자를 따라 스티커를 붙여
봅니다.

3 완성된 글자를 소리 내어
읽어봅니다.

PART 5

언어 발달 놀이

촤르르~ 내 이름 나와라!

요리조리 흔들어 글자를 완성해 보아요.

버~스!

준비물

상자 뚜껑, 양면테이프, 쌀(색 모래 등)

놀이 효과

흥미로운 재료와 방법으로 아이에게 익숙한 낱말의 글자 모양을 접할 수 있게 하면서 자연스럽게 글자에 관심을 유도할 수 있는 놀이입니다. 상자 뚜껑을 흔들어 쌀이 골고루 퍼지게 하는 과정에서 담긴 쌀이 밖으로 쏟아지지 않도록 손과 팔의 힘을 조절해 볼 수 있습니다.

민주쌤's 놀이팁

흰색 상자 뚜껑에 흰쌀을 이용하거나 검은색 상자 뚜껑에 검은 쌀을 사용하면 글자가 눈에 잘 띄지 않아요. 눈에 잘 띄면서 글자의 모양을 정확하게 확인할 수 있도록 상자의 면과 대비되는 색의 쌀이나 색 모래를 선택해 주세요!

새싹 단계부터 할 수 있어요!

1 상자 뚜껑 안쪽에 양면테이프를 붙여 낱말을 만들고 글자 모양을 살펴봅니다.

2 상자 뚜껑 안에 쌀을 넣고 충분히 흔들어줍니다.

3 상자를 뒤집어 쌀을 털어낸 후 나타난 글자를 살펴봅니다.

표정으로 말해요

다양한 감정을 말해 보아요.

어떤 표정으로 그려볼까?

준비물

여러 가지 표정 스티커, 삶은 달걀, 포일, 매직

놀이 효과

감정이 세분화되기 시작하면서 다양한 감정을 느낄 수 있지만, 아직 각각의 감정을 정확하게 인식하고 표현하는 방법을 모르는 경우가 많습니다. 따라서 일상에서 놀이를 통해 사람이 느낄 수 있는 여러 가지 감정이 있음을 알려주고, 감정과 표정을 표현해 볼 수 있도록 하면 자신의 감정을 인식하거나 다른 사람의 감정을 이해하는 데 도움이 될 수 있습니다.

민주쌤's 놀이팁

살모넬라균이 달걀 껍데기에 붙어 있을 수 있으므로 삶은 달걀을 사용하고 가급적 포일을 감싼 후 놀이를 진행하면 안전해요!

새싹 단계부터 할 수 있어요!

1 삶은 달걀을 포일로 감싸줍니다.

2 달걀에 표정 스티커를 붙이거나 매직으로 얼굴 표정을 그려 다양한 감정을 표현해 봅니다.

3 달걀의 표정을 따라서 지어 보며 내 기분에 대해 말해 봅니다.

언어 발달놀이

글자 따라 콩콩

글자 모양을 따라 솜공을 놓아보아요.

준비물

도화지, 솜공(대체 가능), 양면테이프

놀이 효과

글자의 선을 따라 솜공이나 콩 등을 놓아보며 눈과 손을 협응하고 소근육을 조절해 볼 수 있는 놀이입니다. 한글을 배우기 시작하면서 연필, 색연필 등 쓰기 도구에 거부감을 보이는 아이들이 많은데, 놀이를 통해 한글을 접하면 배워가는 과정을 훨씬 긍정적으로 인식할 수 있습니다.

민주쌤's 놀이팁

솜공 대신 콩, 아이가 좋아하는 젤리, 과자 등 글자 따라 놓아보는 재료를 다양하게 제시해 줄 수 있어요. 간식을 활용할 때는 양면테이프로 고정시키는 과정을 생략하고 글자 위의 간식을 먹어보는 것으로 더욱 흥미를 북돋아줄 수 있답니다!

새싹 단계부터 할 수 있어요!

1 종이 위에 양면테이프로 표시된 글자를 따라 써봅니다.

2 글자를 따라 솜공(대체 가능)을 놓아봅니다. 이때 솜공이 움직여 불편해하는 아이들을 위해 양면테이프를 붙여 솜공이 고정되도록 하여 놀이하는 것도 좋은 방법입니다.

3 완성된 글자를 읽어봅니다.

언어 발달놀이

수수께끼 상자

수수께끼를 맞혀보아요.

어떤 카드가 나올까?

수수께끼 상자(휴지곽 등), 낱말 카드

수수께끼 놀이를 하며 카드 속 사물의 특징을 설명하기 위해서는 사물에 대해 이해하고 특징을 머릿속으로 정리하여 문장으로 말할 수 있어야 합니다. 반대로 다른 사람이 수수께끼를 낼 차례에는 상대방의 이야기를 주의 깊게 듣고 설명을 이해할 수 있어야 합니다. 이런 과정에서 아이는 자연스럽게 바른 듣기 태도와 다른 사람이 이해할 수 있도록 조리 있게 말하는 방법을 배워갈 수 있습니다.

낱말 카드에서 글자 읽기가 아직 어려운 발달 단계에서는 그림 카드를 활용할 수 있어요. 수수께끼 놀이가 생소한 아이라면, 간단하고 쉬운 문장으로 수수께끼 하는 과정을 부모가 먼저 시범을 보이는 것으로 모델링 해 주세요!

열매 단계부터 할 수 있어요!

1 낱말 카드를 보면서 사물의 특징을 이야기 나누어봅니다.

2 낱말 카드를 상자 속에 쏙 넣어 숨겨줍니다.

언어 발달 놀이

3 상자 속에서 카드 한 장을 꺼내어 "이것은 둥글어요.", "이건 차가워요." 등 수수께끼 문제를 내어봅니다.

나는 이렇게 자라요

나의 성장한 모습을 살펴보아요.

아기 때 내 모습이구나!

준비물

어릴 때부터 현재까지 모습의 사진들

**놀이
효과**

열매 단계가 되면 출생과 성장에 관심을 가질 수 있습니다. 이때, 자신의 어릴 적 사진부터 현재까지의 사진을 활용해 나에 대해 알아보고 성장 과정을 살펴볼 수 있습니다. 또한 사진을 성장 순서대로 나열해 보고 시간이 지남에 따라 자라면서 변화된 나의 모습도 비교해 볼 수 있습니다. 더 나아가 어릴 적에는 할 수 없었던 것을 지금은 할 수 있음에 대해 이야기를 나누며 성취감을 느끼고 자기 효능감을 높여줄 수 있습니다.

**민주쌤's
놀이팁**

동생이 태어나기 전이나 태어난 후에 이 활동을 통해 동생의 모습을 있는 그대로 받아들이고, 아기였던 나의 모습과도 비교해 보면서 안정감을 느낄 수 있어요!

열매 단계부터 할 수 있어요!

1 나의 어릴 적 사진을
살펴봅니다.

2 어릴 적부터 성장 순서대로
사진을 나열해 봅니다.

3 사진을 보며 어릴 적 나의
모습, 가족, 경험에 대해
이야기 나눠봅니다.

돌돌 말아, 글자 휴지

두루마리 휴지처럼 길게 글자를 채워보아요.

와! 이만큼이나 적었네!

준비물

휴지심, 글자를 쓸 수 있는 칸이 있는 종이, 집게(활동 후 고정용)

놀이 효과

두루마리 휴지 형태를 모델링으로 하여 한글 쓰기에 관심을 유도할 수 있는 놀이입니다. 종이 활동지에 자신의 이름이나 주변의 친숙한 글자를 써보며 한글 쓰기에 관심을 가질 수 있습니다. 글자를 적은 종이를 이어 붙여서 점점 쌓아갈수록 길이가 길어지고, 돌돌 말았을 때 두루마리 휴지와 같은 모습으로 두꺼워지면서 훨씬 성취감을 느끼고, 또 하고 싶다는 동기 부여가 되어 자발적으로 참여할 수 있습니다.

민주쌤'S 놀이팁

종이에 글자를 적을 때에는 '수수께끼 상자' 놀이(224쪽), '암호 풀이' 놀이(232쪽)를 연계하여 글자를 써볼 수 있도록 해야 오래도록 즐겁게 참여할 수 있어요.
반면, 아직 글자를 모르는 아이라도 칸 안에 자유롭게 끼적이는 정도로 충분히 활동이 가능합니다!

열매 단계부터 할 수 있어요!

1 수수께끼를 통해 정답을 써보거나, 그림 카드를 보고 글자를 따라 써봅니다.

2 글자를 쓴 종이를 휴지심에 붙여봅니다. 이후 아이가 추가로 완성하는 활동지는 이전 활동지 끝부분에 맞춰 이어 붙여줍니다.

3 놀이를 반복하며 활동지가 차곡차곡 쌓여 두루마리 휴지의 형태가 완성됩니다. 활동 후에는 돌돌 말아 풀어지지 않게 집게로 고정시켜 보관합니다.

언어 발달 놀이

글자 퍼즐

글자 모양을 맞춰보아요.

준비물

두꺼운 종이(박스 등), 매직, 가위

놀이 효과

친숙한 그림과 글자를 퍼즐 형태로 제공하며 한글 놀이에 즐겁게 참여할 수 있는 글자 퍼즐 놀이입니다. 조각난 글자를 맞춰볼 수 있고, 그림과 글자를 각각 표시하여 그림에 맞는 글자를 찾아 퍼즐 맞추기도 가능합니다. 더불어 퍼즐 모양을 맞추는 과정에서 수학적 탐구 능력도 키울 수 있습니다.

종이를 활용해 더 다양한 모양으로 잘라 퍼즐 놀이를 즐겨도 좋아요. 단단한 종이를 사용할 경우 정교한 모양의 퍼즐 작업이 어렵다는 단점이 있지만, 재사용이 가능하여 놀이를 반복할 수 있는 장점이 있어요!

열매 단계부터 할 수 있어요!

1 단단한 종이 또는 적당한 크기의 박스 조각에 글자를 씁니다.

2 글자를 적은 종이를 잘라서 퍼즐을 만들어봅니다.

3 조각을 맞춰 글자를 완성해 봅니다.

암호 풀이

같은 모양을 찾아 글자를 써보아요.

준비물

암호판 활동지, 미니 화이트보드(대체 가능), 보드 마커

놀이효과

암호를 푸는 방식을 통해 호기심을 자극할 수 있고, 암호를 풀어 낱말을 완성했을 때 더 큰 성취감을 느낄 수 있는 놀이입니다. 글자를 읽거나 스스로 쓰지 못하더라도, 같은 모양의 글자를 보고 따라 쓸 수 있어서 한글을 모르는 아이들도 게임을 하듯 즐겁게 참여할 수 있습니다. 특히, 한글 공부에 관심이 적은 아이들의 흥미를 북돋아줄 수 있는 활동입니다.

민주쌤's 놀이팁

화이트보드 대신 종이에 활동해도 무관해요. 계절, 동물, 음식, 가족 이름 등 여러 가지 주제로 암호판만 만들어두면 언제 어디서든 놀이할 수 있어요!

열매 단계부터 할 수 있어요!

1 암호판을 보고 낱말 구성에
필요한 기호를 찾아 암호를
만들어줍니다.

2 암호에 적힌 글자를 암호판
에서 찾아 써봅니다.

3 암호를 풀어 완성된 낱말을
읽어봅니다.

책 표지 만들기

내가 좋아하는 그림책 표지를 따라 꾸며보아요.

 준비물

OHP 필름(코팅지 대체 가능), 네임펜

놀이 효과

그림책 표지에는 책의 제목이 크게 적혀 있습니다. 글자를 읽거나 쓸 줄 모르는 아이들도 본인이 좋아하는 그림책의 제목은 알고 있기에 투명한 필름을 대고 그 위에 글자를 따라 쓰면서 소리 내어 말해 볼 수 있습니다. 완성 후, 창문이나 흰 벽에 붙여 감상하면 훨씬 더 성취감을 느낄 수 있습니다.

민주쌤's 놀이팁

투명한 필름은 OHP 필름 또는 코팅지를 활용해도 좋아요. 책 위에 두고 그릴 때 필름이 계속 움직이면 흥미가 떨어질 수 있으므로 테이프로 살짝 고정시켜 방해되지 않도록 도와주세요. 글자뿐 아니라 책의 장면이나 좋아하는 그림 위에 필름을 대고 그림 그리기도 즐길 수 있답니다.

열매 단계부터 할 수 있어요!

1 좋아하는 그림책 위에 OHP 필름을 올려 고정합니다.

2 좋아하는 책 제목 글자와 그림을 따라 그려봅니다.

3 완성한 후 OHP 필름을 떼어 벽면이나 창문 등에 대어보며 작품을 감상해 봅니다.

내가 좋아하는 음식

전단지를 보며 이야기 나눠보아요.

내가 좋아하는 음식이에요!

 준비물

마트 전단지, 종이 접시, 가위, 풀

 놀이 효과

전단지에 있는 여러 가지 음식을 보며 '좋아하는 음식'이라는 주제로 함께 이야기 나눠볼 수 있습니다. 이 과정을 통해 자신의 생각, 감정, 경험을 언어로 표현하고 다른 사람의 이야기도 집중해서 듣고 이해할 수 있습니다. 또한, 소중한 가족들이 어떤 음식을 좋아하는지에 관심을 갖고 공통점과 차이점도 찾아볼 수 있습니다.

 민주쌤's 놀이팁

색깔 접시를 사용해 음식을 색깔별로 분류해 보거나 채소, 과일, 육류 등 식재료의 성격에 따라서도 분류해 볼 수 있어요. 또 각각의 접시에 우리 가족 구성원이 각자 좋아하는 음식을 따로 붙여볼 수도 있답니다!

열매 단계부터 할 수 있어요!

1 전단지에 있는 음식에 대해
이야기 나눠봅니다.

2 좋아하는 음식을 잘라
봅니다.

3 종이 접시에 좋아하는
음식을 붙여보고 이야기
나누어봅니다.

끝 글자 잇기

끝말잇기를 해 보아요.

준비물	기차 그림이 그려진 도화지, 낱말을 쓸 수 있는 종이(기차 한 칸 크기), 네임펜
놀이 효과	'끝 글자 잇기' 놀이는 끝말잇기를 말놀이와 글자 놀이를 함께 진행하여 글자의 소리뿐 아니라 글자의 모양에도 관심을 갖도록 할 수 있습니다. 끝말잇기 과정에서 끊어지지 않고 오래 진행될수록 기차 모양도 점점 길어질 수 있기 때문에 눈으로 보는 즐거움과 성취감도 함께 느낄 수 있습니다.
민주쌤's 놀이팁	아직 글자를 모르는 아이는 글자를 읽는다는 개념보다는, 글자와 같은 모양의 글자가 있는 카드를 찾는 과정을 즐길 수 있도록 해 주세요!

열매 단계부터 할 수 있어요!

1 끝말잇기 놀이를 하며 낱말을 카드 종이에 써줍니다. 이때, 이어지는 글자에 동그라미 표시를 해 주면 아이가 수월하게 찾을 수 있습니다.

2 낱말 카드에서 글자가 이어지는 알맞은 낱말을 찾아봅니다.

3 내가 찾은 낱말 카드를 기차 그림이 그려진 도화지에 순서에 맞게 이어 붙여봅니다.

차곡차곡 글자 만들기

자음과 모음을 찾아 글자를 완성해 보아요.

자음, 모음, 받침을 각각 써줄 투명 용기 뚜껑

이미지나 패턴을 통해 한글을 접하는 것이 효과적인 '우뇌가 발달하는 시기'에는 통글자로 한글을 접하도록 할 수 있습니다. 점차 아이가 성장함에 따라 '낱말의 모양' ➡ '글자의 형태' ➡ '자음과 모음 조합' 순서로 관심을 가지기 시작하는데, 만 6세 이후 점차 좌뇌의 발달이 활발해지면서 한글도 논리적으로 자음과 모음이 결합하고 소리 문자로 이해가 가능해집니다. 따라서 아이 개별 발달 정도와 관심도에 따라 '자음, 모음, 받침'을 소리의 원리와 함께 연계하여 놀이를 제공해 주는 것이 필요할 수 있습니다.

한글을 읽고 쓰기 어려운 단계라면, 낱말 카드의 통글자를 보면서 해당 자음, 모음, 받침을 찾아서 완성해 볼 수 있어요!

열매 단계부터 할 수 있어요!

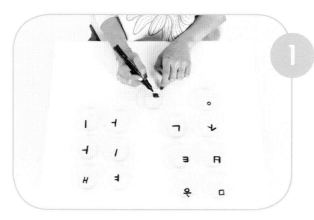

1 투명 용기 뚜껑에 자음과 모음, 받침을 각각 써줍니다. 이때 뚜껑을 겹치면 글자가 잘 나타날 수 있도록 글자의 위치를 맞춰주어야 합니다.

2 글자 카드의 글자와 같은 모양의 글자를 투명 뚜껑에서 찾아봅니다. 그런 후 뚜껑을 겹쳐 글자를 완성해 봅니다.

3 찾은 뚜껑을 자음, 모음, 받침 순서로 차곡차곡 겹쳐 낱말을 완성한 뒤 읽어봅니다.

에필로그

'오늘 하루 어떠셨나요?'

반복되는 일상을 살아가다 보면 내 아이가 소중하지 않은 마음이 아니라, '소중함'을 생각할 겨를도 없이 정신없이 보내게 됩니다. 아이를 키우는 것, 육아를 해나가는 것은 부모에게는 어떤 것과도 비교할 수 없을 정도로 중요합니다. 또 그만큼 어렵고 힘든 일이기도 합니다. 하지만 우리가 방법을 몰라서 그냥 보내는 시간 동안 아이는 기다려주지 않고 오늘도 성장해 가고 있습니다.

아이를 키우다 지치고, 힘들고, 답을 찾지 못하는 순간이 오면 조금만 고개를 돌려 도움받을 수 있는 곳을 찾아보시길 당부드립니다. 내가 거주하고 있는 곳의 해당 구에서 운영하는 가족센터, 육아종합지원센터에서 상담을 받아볼 수도 있고, 기질 검사를 통해 아이의 기질을 파악해 보거나 부모 양육태도 검사를 받아 현재 양육 환경과 양육자의 태도에 대한 점검을 해 볼 수 있습니다.

그것도 힘들다면, '이민주 육아상담소' 유튜브 채널의 어떤 영상이든 상관없이 아이 개월 수와 고민 내용을 댓글로 남겨주세요. 댓글 코칭으로나마 최대한 도움드릴 수 있도록 하겠습니다.

아이를 낳은 이상, 이제 육아는 포기할 수 있는 것이 아닙니다. 문제가 생기면 문제를 해결하고, 어려움이 생기면 방법을 모색해 가면서 부모도 아이도 건강하고 행복하게 살아갈 수 있어야 합니다.

임신했을 때 아기 만날 날을 손꼽아 기다리고, 처음 만난 그 순간에 건강하게만 자랄 수 있기를 바랐던 마음을 떠올려 오늘도 '소중함'을 잊지 않으셨으면 좋겠습니다.

세상 모든 부모와 아이들을 응원합니다.
오늘도 육아하느라 수고 많으셨습니다.

이민주 육아연구소
이민주

좋은 책을 만드는 길
독자님과 함께하겠습니다.

0~6세 똑소리나는 놀이백과

초 판 3 쇄 발행	2022년 07월 25일 (인쇄 2022년 07월 06일)
초 판 발 행	2022년 06월 20일 (인쇄 2022년 05월 27일)
발 행 인	박영일
책 임 편 집	이해욱
지 은 이	이민주
편 집 진 행	윤진영 · 서선미
표지디자인	권은경
편집디자인	권은경 · 길전홍선
발 행 처	시대인
공 급 처	(주)시대고시기획
출 판 등 록	제 10-1521호
주 소	서울시 마포구 큰우물로 75 [도화동 538 성지 B/D] 9F
전 화	1600-3600
팩 스	02-701-8823
홈 페 이 지	www.sdedu.co.kr
I S B N	979-11-383-2621-6(13590)
정 가	16,000원